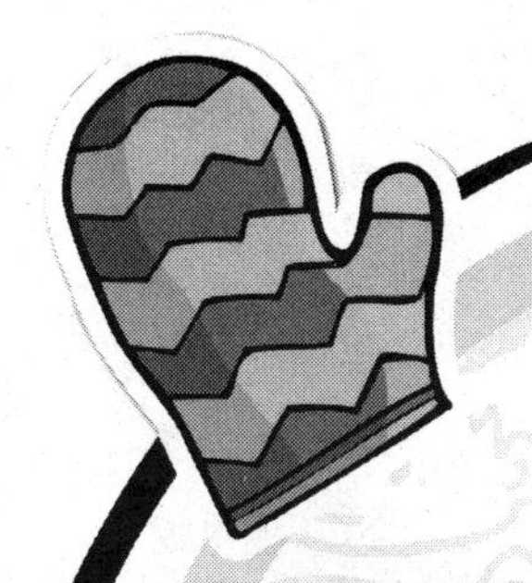

别说你会用日用品

揭开日常用品中的那些潜在危险

坚果百科◎编著

電子工業出版社
Publishing House of Electronics Industry
北京 • BEIJING

图书在版编目（CIP）数据

别说你会用日用品：揭开日常用品中的那些潜在危险 / 坚果百科编著. -- 北京：电子工业出版社，2012.11
ISBN 978-7-121-18194-8

Ⅰ.①别… Ⅱ.①坚… Ⅲ.①日用品－基本知识Ⅳ.①TS976.8

中国版本图书馆CIP数据核字(2012)第210062号

别说你会用日用品：揭开日常用品中的那些潜在危险
坚果百科 编著

策划编辑：胡 南
责任编辑：李 影
印 刷：北京正合鼎业印刷技术有限公司
装 订：北京正合鼎业印刷技术有限公司
出版发行：电子工业出版社
北京市海淀区万寿路173信箱 邮编 100036
开 本：710 × 1000 1/16 印张：15 字数：150千字
印 次：2012年11月第1次印刷
定 价：28.00元

凡购买电子工业出版社图书有缺损问题，请向购买书店调换。若书店售缺，请与本社发行部联系，联系及邮购电话：（010）88254888

质量投诉请发邮件至 zlts@phei.com.cn，盗版侵权举报请发邮件至 dbqq@phei.com.cn。

服务热线：（010）88258888

“安全”对于我们来说，首先想到的是出行安全。

近几年里，大家把对“安全”的关注更多放在了食品安全、药品安全上。从早些年的苏丹红、瘦肉精、三聚氰胺，以及各种滥用食品添加剂的问题，到如今的废皮鞋制胶囊，我们开始越来越重视身边的各种安全问题。

这是好事，也是社会发展、人们认知提高的体现。然而，大家的安全意识更多的还只是停留在吃进肚子的东西上。对于日常生活中常用的一些物品的“安全”问题，我们却是从来没有考虑过，甚至说从未想到过的。

其实我们应该知道，人们对于外界物质的吸收，大概可以分为三种方式：一是从口腔里吸收。也就是我们所说的食品、药品。这种吸收，是我们每个人都应该知道的；二是气管吸收。比如，我们呼吸的空气等，大部分人也都知道；三是经皮肤吸收，如洗面奶等护肤品，它们会通过皮肤进入我们体内。对于这样的吸收，我想，知道的人应该很少，关注其安全性的人也就更少了。

所以说，我们对安全隐患的警惕，还是远远不够的。因为我们仅仅只关注了出行安全、食品安全等，还有一些需要注意的安全，我们却并不知道，比如：

你知道洗发水可能使我们的头发变黄、头屑增多，引发头皮湿疹吗？

你知道护肤霜用不好，很可能会毁容吗？

你知道每天涂口红，实际上是在“吃毒”吗？

你又知不知道，吸尘器也会发生爆炸？我们穿的内衣也能引发牛皮癣？

……

不知道吧！

日用品，仅仅只是我们每天要用，或每天必须用的日用品，却也隐藏着巨大的“危害”，给我们的身体健康带来了威胁。

在很多发达国家，他们对日用品的生产原料、制作工艺，都是有着明确的标准和要求的。如在日本，20世纪末，他们就规定化妆品公司有义务对其产品的原料进行解释。对于所用成分，必须标注出来哪些是可能引起过敏反应的等。

但目前在我国，对于日用品的安全规范却还处于相对的初级阶段，很多标准制定得不够完善。也正是因为这些不足，才更加需要我们在日常生活中提高安全意识，避开那些触手可及的危险。

本书从七个方面写起，囊括我们日常经常使用的一百多种日用品，从洗护用品到家居电器，再到我们每天必穿的衣服鞋袜，力求站在最客观的角度告诉大家，这些我们每天接触的日用品，究竟给我们的身体带来了怎样的潜在危险。

同时，写这本书还有一个主要目的，就是教会大家怎么避开这些危险，让我们明确知道如何才能安全、正确、健康地使用它们，让这些日用品发挥它们的“职责”和功能，为我们创造舒适、美好的生活。

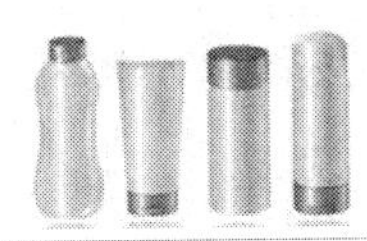

第一章　洗护化妆品

第二章　洗涤消杀用品

第三章 炊事用品

第四章　家电商品

第五章　儿童用品及文具类

第六章　家装器械类

第七章　衣物鞋子类

1.洗面奶也要注意使用方式?

洗脸的主要目的是为了清洁皮肤，让皮肤干净。而皮肤会分泌油脂，也会附着一些灰尘及化妆品残留物，只用清水无法完全去除。于是，洗面奶就诞生了。

无论什么牌子、什么类型的洗涤物，要想达到“干净”这个效果，必定少不了以下这几个元素，如水、油脂、表面活性剂、香精、防腐剂、抗氧化剂等，洗面奶也不例外。

那为什么我们不用洗衣粉、肥皂、洗涤剂等来清洁面部皮肤呢？答案很简单，我们面部的皮肤很娇嫩，我们在使用洗面奶的时候，虽然也有“清洁皮肤”的功能，但洗面奶中使用的活性剂却比肥皂、洗衣粉中的温和许多。

由此提醒我们，无论是使用还是购买洗面奶，都要特别小心。因为一旦使用不当，不仅不能让我们的“面子有光”，还存在“毁容”的隐患。

为了避免出现这种情况，在对洗面奶的认识中，要摒弃那种“泡沫越多越好”、“油脂洗得越干净越好”的想法。因为适当的油脂对我们的皮肤是有好处的，油脂是我们人体皮肤的一道防线，如果没有了这道防线，皮肤就会变得特别敏感，很容易脱皮和过敏。

在通常情况下，洗面奶的泡沫越多，洗掉的油脂也就越多，而泡沫越多的洗面奶，碱性也就越重，它会破坏皮肤本身的弱酸性环境，如果经常使用，就会让皮肤变得“弱不禁风”。

随着我们年龄的增长，皮肤分泌油脂的能力会降低，所以最好减少使用洗面奶的次数。如果不化妆的话，每天临睡前使用一次就行了，早上最好用清水洗面，或者使用低泡沫的洗面奶，尽量不要破坏皮肤的自然状态。

买：在买洗面奶时一定要注意：洗面奶是一种清洁产品，对于鼓吹能够美白的洗面奶，千万不要相信。因为通常美白的背后，就是果酸、BHA等化学成分，其功效就是软化角质，让皮肤更新加快，当时看起来效果明显，代谢出的新皮肤肯定又白又嫩，但这只是暂时的。如果长期使用，会将皮肤原本的代谢打乱，皮肤的敏感性和耐受性就会降低。

市面上的洗面奶越来越多，五花八门，很多人经受不住广告的诱惑，喜新厌旧，频繁更换洗面奶，这种做法也是非常欠妥的。

因为每种洗面奶都有一定的酸碱度，皮肤也需要适应期，短期内频繁更换洗面奶或其他面部产品，都会引起皮肤的不适，产生过敏症状。

用：磨砂洗面奶，一周最多使用一次就行了。有很多人喜欢用磨砂洗面奶，因为它可以帮助去死皮。切忌频繁使用，因为它会破坏皮肤的自我更新能力，使皮肤极易被晒伤或出现红肿发痒状况。

千万不要用洗面奶代替卸妆水卸妆。现在的美女免不了化妆，回家后，也就卸妆、洗脸一起进行，其实这种做法是完全错误的，因为化妆品中有些化学成分，一般的洗面奶无法起到彻底清洁的作用，极易使皮肤中残留化妆品，堵塞皮肤毛孔，引发毛孔粗大，引起色斑。

洗：无论使用哪种类型的洗面奶，都切忌大力揉搓面部。正确做法是：先用温水湿润面部；再将适量的洗面奶均匀地抹在脸上，由下到上地打圈按摩。这样可以充分打开毛孔，起到彻底清洁的作用；然后再用清水清洁面部。要想达到收敛毛孔的作用，可以用冷水拍打面部片刻；最后等洁面工作结束后，可以用毛巾或化妆棉轻轻按压面部，吸走水分。

2.防晒霜使用不当，会危害胎宝宝？

原本夏天就热，再加上怀孕，不少准妈妈们大呼受不了，又热又晒时又不得不出门，怎么办？抹防晒霜？

我们知道，怀孕后要尽量不用化妆品、护肤品。因为化妆品和护肤品里都含有激素，为了宝宝们的安全，一定要谨慎使用。

可外面艳阳高照，不使用防晒霜，晒黑了皮肤是一方面，更主要的是紫外线的伤害。

那怎么办呢？当然只有正确使用和购买防晒霜，将可能的伤害降到最低了。

首先是购买时的注意事项。

注意防晒品所含的成分，美白防晒品不要选。一些具有美白效果的防晒品中添加了对人体有害的金属元素，如汞、铅、砷或钛白粉。皮肤长期吸收汞会导致神经系统失调，使我们视力减退、肾脏毁坏、听力下降。皮肤黏膜敏感的还可以由母体进入胚胎，从而影响胚胎发育。

尽量不要使用具有速效嫩肤功能的防晒品。有些防晒品能在很短时间里令皮肤细腻光洁，这并非好事。研究发现，当防晒品中添加少量的激素时，皮肤会变得饱满润泽。在大量使用后，皮肤就会出现干涩、起斑等现象。长期使用，还会使细胞受损，皮肤离老化也就越来越近了，更主要的是，这些激素对胎儿非常不利。

防腐剂、芳香化合物、色素是怀孕期绝对不能“沾”的物质。因为这些成分能引起皮肤过敏，香料成分越繁杂，用量越大，刺激就越重，越容易引起皮肤过敏和光敏反应。

注意包装上的标志。正规防晒品的包装标志中会包含产品名称、厂家及地址、卫生许可证、生产许可证、履行标准名称、生产日期、保质期或生产批号及限用日期、应用说明等。我们在购买时要看清。此外，防晒用品的标志还须有特殊用途的许可证号。在选购进口化妆品时，还要认准进口许可证号和经销代理商的名称和地址。

购买前先试用。在选购任何一种产品前，都应先索取试用品。选购防晒品时，可以先在耳朵前侧或下巴后侧的肌肤抹上一点。不要擦在手上，因为手和脸的肌肤差距太大。

推荐：孕妇防晒以纯物理性防晒为佳。

在怀孕历程中，孕妈咪体内的荷尔蒙会有所改变，会发生色素沉淀的情况。此时孕妈咪的乳晕、腹中线、痣或雀斑的颜色都有可能加深，如果经常晒太阳，其颜色就可能更深了。何况孕妇在孕期中体质会变得比较敏感，选择时也要特别注意。

那什么是物理性防晒呢？就是利用防晒品中的粒子直接阻拦、反射或散射掉紫外线。

优点：不易过敏。

缺点：质地厚重，有一层白膜感。

常见的物理性防晒，所含成分有二氧化钛和氧化锌。二氧化钛可以阻隔UVB和部分UVA，但是对长波部分的UVA无法完全保护。

氧化锌：可以阻隔掉所有波长的UVA和UVB。但是因为涂起来会黏黏的、厚厚的，所以限制了它的实用性。

3.润肤霜为什么会引起过敏？

爱美是女人的天性，所以化妆品专柜也就成了爱美女士们最爱去光顾的地方。试看看女人们的化妆台，总是堆满了瓶瓶罐罐。只要听到别人说哪种化妆品好，总会买来使用。

脸不是试验田，如果用杂了、用错了，很容易引起过敏等诸多现象。

润肤霜，通常除了含有滋养成分的东西外，也少不了各种防腐剂、增香剂。有人又说了，产品说明书上说了是纯天然的。真是这样吗？根本不可能。因为纯天然的水果鲜花，是不可能放在瓶子里久了不变质的。

同时，每种润肤霜里的化学成分都不相同，如果几种混搭使用的话，无疑是在脸上做化学试验，不过敏才怪！

要想杜绝出现润肤霜使用不当的情况，辨别化妆品的优劣特别重要：

取出一点润肤霜放在水中，如果浮在水面上，证明其成分有油石酯；如果再一摇晃，水乳交融，变成了乳白色，那就说明其成分中有乳化剂。油石酯与乳化剂会破坏皮肤组织，容易造成过敏，且有致癌性。

碰上这样的润肤霜，还不扔掉干什么？即使再贵也要丢弃掉。反之，放入水中的润肤霜可以沉到水底，没有与水融合成乳白色的，就是品质较好的润肤霜了。

那么，是不是说好的润肤霜就万事大吉了？也不尽然。好品质的润肤霜也是有可能让皮肤过敏的，这又是什么原因呢？

先和大家说说人的皮肤为什么会过敏吧。皮肤过敏的原因非常复杂，除了和使用的化妆品有关外，还与人的个体差异、气候变化、饮食结构甚至是心理变化有关。比如说，秋冬换季的时候，皮肤过敏脱皮的现象就很多，原因是温度变化较大，皮肤受到了冷热收缩而导致的；还有当我们心情紧张的时候，我们的皮肤也极易出现红疹、发痒……

预防过敏的措施：

购买：既然频繁更换、混搭使用润肤霜容易造成过敏，那么，我们最好在3个月，或半年之内不要更换润肤霜；根据季节变换，选择一些适合自己的润肤霜。比如，冬天选用固态的、更为滋润的润肤霜，夏天则换成乳霜。当然，最重要的是：提前在耳朵前侧、下巴后侧进行测试，无红肿过敏，方可安心使用。

使用：使用润肤霜之前，先给皮肤喂饱水。一些细心的人肯定注意到了，任何一款润肤霜的说明书上都有一条：早晚洁面后使用。原因就是经过水洗后的面部皮肤的毛孔全打开了，更容易吸收润肤霜中的滋润成分，而且润肤霜中的油性成分必须与水作用以后才能发挥最大的功效。所以在洁面后，如果皮肤还是比较干燥，那就要先使用化妆水或爽肤水，轻拍面部，让面部皮肤先“喝饱水”，再让其吸收“营养”。这样做，除了有滋养效果外，更不容易出现过敏现象。

我们用润肤霜时，先将双手搓热，让手的温度把润肤霜加热，然后再均匀涂抹。涂抹的最佳方式是用手掌和手指，轻轻将润肤霜按压进皮肤，千万不要大力揉搓。这样既能最大限度减少对皮肤的刺激，也能更好地让皮肤吸收营养成分。当然，使用面霜的时候千万别忘了脖子。脖子是最易泄露女人年龄的，千万不要忽视哦。

总结成一句话：

劣质品，不使用；频繁换，宜过敏；轻手法，好吸收；先补水，再滋润。

4.睡眠面膜能让细纹变皱纹？

睡眠面膜是很多爱美女士，特别是一些爱美的“懒MM”们的最爱。想想看，既能睡觉，又能美容，多好的事。可殊不知，如果使用方法不明确或盲目追捧天天用，不仅不会让你变美，很可能适得其反。有可能不但达不到去除干纹的功效，很可能还会让皮肤越来越干，甚至产生皱纹。

有些人在遇到这种情况后，只是指责产品不好，其实究其根源，很可能是使用方法不当造成的。

皮肤专家告诉我们，晚上11时到凌晨5时是皮肤细胞的生长和修复茂盛期。这个时候，人体的新陈代谢加速，营养接收率会比其他时间高出一倍之多。睡眠面膜，正是迎合了皮肤新陈代谢规律，再加上它不同于普通的面膜，大多成凝胶状或膏状，着重补湿，有着极其丰富的滋养成分，敷脸后不需要用水冲洗，直接进入睡眠就行。它不但解决了我们皮肤干涩缺乏光泽的症状，也不影响我们睡眠。

当然，任何事物都有其两面性，睡眠面膜虽好，但也有一些注意事项。

使用前：选择睡眠面膜的MM大多认为敷上就万事大吉了，实际上用前的护肤步骤一个都不能少哦。

由于睡眠面膜大多停留在脸上的时间比较久，如果没有做好清洁和护肤，会使白天残留的灰尘和化妆品堵塞毛孔，起到相反的效果。

因此，卸妆、洁面、补水、乳液，仍要有序地进行。当这些做好后，再安心地抹上睡眠面膜，美美地睡个美容觉。

与普通面膜相比，睡眠面膜本身的油脂成分较少，因此即便是经常使用，对皮肤的改善也并不会太理想，应该先用一些乳液和精华素，为皮肤充分打好底再敷面膜，会有事半功倍的效果。

下面可以和大家分享一下敷面膜的技巧。睡眠面膜的正确用法是：在涂完一系列的常用护肤品后，将睡眠面膜以五点法点在脸上，然后在脸上轻轻打圈，以促进面膜和晚霜的进一步吸收。这时千万不要急着睡觉，可以先去做别的事等待半个小时，让睡眠面膜自己变干表面形成一层膜，把你涂抹的护肤品的营养全部锁住，就可以去睡觉了。

因为这时候睡觉，面膜不但不会蹭到枕头上，而且锁住营养的功能也超强。

睡眠面膜有很多种，有的是免洗的，有的则是不能过夜的。爱美的女士千万要看好了再用。不要美美地涂上一层不可过夜的睡眠面膜却安心睡觉，这样对皮肤反而不好。

不能过夜的睡眠面膜比较厚重或者比较滋润，透气性大多不好。如果长时间敷着过夜，容易导致皮肤缺乏呼吸，降低血液循环的速度，导致肤色暗淡无光。

睡眠面膜不能代替晚霜。虽然睡眠面膜比较滋润，但并不代表它可以代替晚霜。虽然大部分睡眠面膜都有补水保温的功效，但里面所含的营养物质不一定丰富。在使用了不过夜的睡眠面膜后，晚霜最好照常用。特别对于一些干性皮肤的女士来说，睡眠面膜一定不可以替代晚霜。

切记：普通面膜不可做睡眠面膜。

之所以叫睡眠面膜，是因为这些产品往往保湿效果不错，但很多女士却将普通面膜当睡眠面膜用。这就大错而特错了。普通面膜有很多款，每个产品的针对性也不同。如果选择了美白或者控油的面膜，并将其作为睡眠面膜使用，反而会吸走皮肤的水分，令皮肤越来越干。

5.爽身粉也能引起感染和过敏？

烈日炎炎的夏日，妈妈们为了保护婴幼儿娇嫩的皮肤，防止痱子和湿疹，都会给他们使用爽身粉甚至痱子粉。

无论是爽身粉还是痱子粉，顾名思义，都是为了让皮肤舒爽，它们的主要成分一致，只是痱子粉的药效更重一些。

那么给孩子使用爽身粉或痱子粉，真是在保护孩子的皮肤吗？其实妈妈们不知道，别看这小小的白色粉末，如果使用不当，不仅不能保护皮肤、预防痱子，很可能还会给孩子的健康造成危害。

引发皮疹——爽身粉原本的作用是吸收皮肤上多余的汗水，使皮肤干爽。不过如果在婴儿的小屁屁上扑的爽身粉过多，爽身粉在吸收汗液水分的时候，也会凝结成颗粒，进而堵塞毛孔、汗腺，摩擦皮肤，导致小屁屁发红，产生皮疹。

正确做法：不过量使用爽身粉，当皮肤出现发红、皮疹等现象时，要暂停使用。对于婴幼儿的皮肤皱褶处，保持干爽的最好做法是勤换尿不湿或尿布，而不是依赖爽身粉。

导致智商下降——爽身粉中的主要成分是滑石粉，滑石粉中含有大量铅。人的皮肤是会呼吸的，在吸收了大量的铅元素后，血铅含量会变高，这样必会危害神经、造血和消化系统。

婴幼儿正值身体发育期，体内血铅含量超标，就会导致铅中毒，严重影响智力发育。这不是危言耸听，妈妈们千万要注意哦！

正确使用方法：减少使用爽身粉的频率与剂量，改用一些润肤油，或使用优质含铅量低的爽身粉。

诱发呼吸道疾病——爽身粉中含有的氧化镁和硫酸镁，如果进入婴幼儿的呼吸系统，就会破坏支气管自身抵抗能力，诱发呼吸道感染。

正确使用方法：使用爽身粉时，一定要避开婴幼儿的眼、鼻、口，不要迎风涂抹，避免让粉末飞扬。

卵巢癌风险——爽身粉的颗粒状物质，一旦通过阴道外部进入女性的卵巢，就会附着在卵巢表面，刺激卵巢上皮细胞增生，诱发卵巢癌。

正确使用方法：不要给女童的下身使用爽身粉，当然，成年女性的下身也不要使用。

6.沐浴露，也可能损害你的皮肤

沐浴露基本上每个人都会用，比起传统的香皂，它使用起来更便捷，更容易起泡，气味也更芳香，更不容易从手中滑落。

当然，虽然它在使用上更获人们的青睐，但它和香皂的作用却是一样的：祛除人体皮肤表面的油脂、污垢。而且，沐浴露中添加了比香皂更多的化学原料，如泡沫促进剂、泡沫稳定剂、增稠剂、稳定剂……

不过，仔细回想一下就会发现，以前洗澡不方便的时候，偶尔用香皂，皮肤好像并没什么问题。可现在，我们基本上每天都在洗澡，沐浴产品也是五花八门，看起来好像对皮肤卫生更关注了，可实际上，皮肤变得越来越敏感，皮肤过敏的现象也是常有发生。

究其原因就是频繁使用沐浴露引起的，它使我们人体表皮上的天然油脂保护层和污垢一起被洗掉了，皮肤就变得干燥紧绷，出现了瘙痒。

如今我们大部分人洗澡已经不仅是让身体变得干净清爽那么简单了，还是一个享受的过程。所以很多女生沐浴不喜欢抹香皂，而是喜欢躺在浴缸中洗泡泡浴。美女们不知道，经常洗泡泡浴其实对身体并没多少好处。

因为香皂中的物质大多取自于天然物，但泡泡浴中使用的泡沫剂却不是。泡沫剂能发出好闻的气味，这也是美女们钟爱它的原因之一。可她们不知道，这种好闻的气味来自于香味剂，这种香味剂是会导致皮肤发炎、头晕的。

如果长时间躺在浴缸中，会令身体长时间接触泡沫剂，有害化学成分“泡沫稳定剂”就会慢慢渗透皮肤，通过呼吸到肺部，对身体的伤害可想而知。

听到以上这些危害，大家害怕了吧！是不是就不敢再洗泡泡浴，不敢再用沐浴露了呢?

大可不必因噎废食，只要我们选择一些质量好的沐浴露，并采用正确的方法，就能在清洁皮肤的同时，还能保护皮肤，尽可能地将沐浴露的危害降到最低。

可以用以下几种方法判断是不是好的沐浴露：气味自然、不刺激；滴一滴在手背上，皮肤不会感到不适；滴几滴在空的矿泉水瓶里，再加一点水，摇出泡沫，泡沫细腻，待泡沫静止后，沐浴露与水不浑浊；将几滴沐浴露加一些盐搅拌，溶解盐的是质量上乘的沐浴露；用PH试纸测试，酸碱度在5—6范围内的，为弱酸性。因为人的皮肤是弱酸性环境，只有PH值相同的洗剂，才能打开毛孔，彻底清洁，同时不会损害皮肤。如果没有测试纸，可以自己感受，使用沐浴露后，皮肤舒适无紧绷感的为佳；不慎落入眼中无刺痛感的，均属优质沐浴露。

使用沐浴露注意三“少”：

（1）秋冬季节，皮肤干燥者，减少使用沐浴露的次数，如无特殊情况，一周使用2—3次即可。同时，洗澡时的水温也要适当调低，不要贪热，否则在洗剂与热水的双重作用下，皮肤会更加干燥。

（2）洗澡时，减少沐浴露在身上停留的时间，当泡沫布满全身后，尽快冲洗干净，避免某些化学物质刺激皮肤，导致过敏。

（3）少用或不用香气特别浓郁、颜色特别鲜艳、功能特别多的沐浴露。这和毒蘑菇？越香、越鲜艳、功能越多的沐浴露，其所含化学成分越多。每多加一种化学试剂，对我们身体的危害也就多了一分。

谨记！沐浴露只是一种清洁产品，别给它赋予更多的功能。

7.小心，伤头发的洗发水

电视上的洗发水广告，个个头发乌黑亮丽。哪个爱美女士不希望自己的头发也像广告上那样飘逸呢？可如果告诉大家，洗发水会有隐患存在，您信吗？

肯定有人在犯嘀咕，我差不多两三天洗一次头，怎么没发现什么问题？

好吧，我们现在先来了解一下洗发水的成分，然后再告诉大家它对身体有什么坏处吧！

首先我们先看看洗发水的原料。随便从洗漱间拿一瓶洗发水，看看后面的配表。

看成分：水、月桂硫酸钠、月桂醇聚醚硫酸钠、丙二醇、氯化钠、聚二甲基硅氧烷、乙二醇二硬脂酸酯、椰油酰胺丙基甜菜碱、枸橼酸钠、椰油酰胺、二甲苯磺酸钠、吡硫翁锌、香精、柠檬酸、苯甲酸钠、月桂醇醚硫酸酯钠、甘氨酸、盐酸、甲基异噻唑啉酮、甲基氯异噻唑啉酮……

对于配表上的这些成分，除非是日化产品的专业人士，大部分人肯定是如同看天书一般。除了水和盐酸知道是什么之外，其他的根本就不知道是什么，它们各自有着什么样的功效也不清楚吧。

洗发水广告大多会说萃取天然精华、添加了胶原蛋白、丝滑蛋白、维生素原B5等，听起来它们是很有营养的样子，真是这样吗？

不管商家怎么宣称自己的产品是纯天然的，如何萃取草本精华，它终究是离不开化学药剂成分的。比如说，月桂硫酸钠、月桂醇聚醚硫酸钠这两种在洗护用品中最常见的试剂，其本质都是表面活性剂。它有两个作用——首先是除灰除油，其次就是洗掉我们头发和皮肤上的原有天然屏障，让其他化学药品毫无障碍地进入头皮和头发当中，然后不断在我们的皮肤里淤积。

这些化学试剂在头皮、头发上淤积久了，就会很容易引起湿疹、头皮增多、瘙痒、脱发和发质损伤。

这么一说，很多人才恍然大悟，原本还以为头屑和脱发是学习工作压力大产生的，原来罪魁祸首很可能就是洗发水。

肯定有人会持怀疑态度，他们认为，洗发水怎么会有这么大的危害？明明洗过头后，头发都柔柔顺顺的，清清爽爽的，怎么会有危害？

实际上，这又是表面主义在作祟。

真实情况是，等表面活性剂在去除了头发上的油脂后，它会给头发镀上一层蜡膜，这就相当于给头发打了蜡，使头发自然柔顺光滑。于是，大家就觉得这个洗发水好，一定是含有维生素或者胶原蛋白等营养物质。

明确告诉大家，让发质光滑柔顺，不是营养物质起的作用，是蜡起的作用。而且这种蜡还能使我们的头发发质受损，因为头发跟皮肤一样，都是需要呼吸的。当我们用蜡去把它呼吸的通道堵住后，头发就自然没办法吸收营养了，久而久之就会枯黄干燥、变细或者脱落。

下面说说洗发水里其他对人会产生危害的成分：

聚二甲基硅氧烷：能起到润滑、抛光作用。危害是对眼睛有刺激作用。

月桂醇聚醚硫酸酯钠：属于起泡剂。危害是破坏皮肤蛋白，造成皮肤敏感等。

甲基异噻唑啉酮：属于杀菌剂、防腐剂，危害是很可能存在细胞毒性和神经毒性。

听了这些，你是不是有种不敢用洗发水的感觉了呢？

其实也不必，只要我们掌握了正确的使用方式，还是可以把危害性降到最低的。

那要怎么洗才最安全呢？

（1）不要固执地使用一个品牌，多换几种牌子的洗发水。这样每个牌子的洗发水成分配比不同，交叉使用，可以防止某种化学药剂在身体里淤积过多。

（2）洗发的时间尽量缩短，不要让洗发水在头发上停留的时间超过5分钟。用手按摩头皮当然可以，但最好等头发冲干净后再说。

（3）洗发水一定要用大量清水冲洗干净，直到每一根头发都感觉涩涩的才可以擦。

8.护发素并不护发？

现在很多人用洗发水洗完头发后，都会使用护发素，有些甚至还会使用免洗护发素，这样头发就不会变得毛糙，而是容易梳理了。

经过护理的头发也会摸上去滑滑的，让我们产生一种错觉：护发素是养发的，头发会吸收来自护发素的营养。

错觉！很多人会说，护发素，护发素，不就是护发的吗？还说什么错觉。

没错，是错觉。因为护发素并不能养发。如果不相信，我们先来看看护发素里都有些什么成分，为何会让头发变得柔顺吧！

随手拿起一瓶护发素，就会看到它的成分里必定含有二甲聚硅氧烷或聚二甲基硅氧烷，听起来有点绕口，简称就是硅灵。

硅灵：由于其极好的密合性能而被广泛运用于建筑防水，也用于油漆消泡。

您现在明白了吧，洗发后，我们的头发之所以会有毛糙感是很正常的，因为经过水洗，头发的毛鳞片被打开了，而护发素就相当于用硅灵给我们的头发打了一层防水层，所以毛糙感是没有了，但其他问题又会接踵而来，因为头发的正常呼吸被隔断了，头皮上若留有硅灵，就会发痒，产生头皮屑，更有甚者，可以阻断毛囊的生长，引起脱发。这就是为什么一部分人越用护发素，头发越糟糕的根源。

同时，护发素中添加的合成表面活性剂虽说是阴离子表面活性剂，但却使用了杀菌剂、防静电剂和柔软加工剂。这种化学物质比洗发露中所用的合成表面活性剂具有更强的有害作用。

除此之外，香料和着色剂也使用了由合成化学物质制成的成分。

养护头发的大道理，就是不染、不烫、不过度依赖化学产品，让头发自然生长，而不是，今天烫了，明天染了，再狂用护发素来欲盖弥彰。

当然，还是那句话，不要因噎废食。有时候，如果我们正好洗完头就要去见重要客户或约会，顶着一头毛糙糙的头发肯定也不合适。所以护发素也能救急，但在使用时却要注意，要适度。

首先，没必要天天使用护发素；其次，每次的用量不要太多，只要在发梢使用一些就行了，尽量避开头皮。

记住！护发素并没有头发、头皮所需要的营养，它只能帮助我们暂缓干燥。

保养头发还是要以减少损伤为主，多吃五谷杂粮为辅。

还有很多人喜欢护发素中的香味，甚至极力寻找有着浓烈香味的护发素来使用。有些人为了保留香味和湿润感，甚至还不冲洗。

这样做的结果只能使头发变得稀少而纤细，遇到这种问题，很多人并没想到是护发素的原因。

9.啫喱水能破坏人体荷尔蒙？

“行不行，看头型！”

对于很多爱美人士来说，美发产品——啫喱水，应该都不陌生，而且经常使用。它是一种可塑性物质，属于发用凝胶的一种，有个很好听的英文名：gel或jelly。

这种凝胶在传到我们中国后，按照它的谐音，就被我们叫成了啫喱。因为其用途，很多人又称它为发用定型凝胶水或发用定型液。

随着生活节奏的加快，这种能迅速改变我们发型形状的美发产品，越来越受到大家的宠爱。但我们可能并不知道，它的主要成分里面除了能让我们头发成型的成膜剂、调理剂、乙醇外，还含有对身体有害的成分，如邻苯二甲酰。

让我们先来认识一下这个有毒成分：邻苯二甲酰。

它通常使用于生产农药、染料、香料和医药、橡胶助剂CTP，同时它还能用于生产高效离子交换树脂、表面活性剂、重金属萃取剂等。

这种物质不仅对黏膜、上呼吸道、眼和皮肤有强烈的刺激性，而且如果不慎吸入的话，很可能引起喉咙和支气管的痉挛、水肿、炎症等，严重者甚至可能因化学性肺炎或肺水肿而致死。

接触后的不良反应：烧灼感、咳嗽、喘息、喉炎、气短、头痛、恶心和呕吐。这也就是为什么经常接触啫喱水的理发师和使用者容易患呼吸道疾病的原因。

除了以上的不良反应，更重要的一点是，邻苯二甲酰可以破坏人体正常荷尔蒙的分泌。此外，由于使用啫喱水时通常都是先喷，此后用手抓头发定型，因此有害成分还容易进入指甲，导致指甲变形。

那是不是啫喱水就不能用了呢？也不尽然。如果我们在使用时多注意，还是能将伤害最大限度地降低的。

那要如何安全使用呢？

购买时：要注意看清楚啫喱水生产企业，看是不是正规厂家的产品；然后看是否在保质期内，外观是不是透明。因为质量好的啫喱水不应该有絮状物和沉淀物；要购买不含酒精的啫喱水，这样可减轻对头部的刺激。

使用时：先把头发弄成半湿，塑造好发型后再把啫喱水均匀地喷在头发上，再让头发风干定型。

建议：尽量不要为了定型而使用啫喱水，如果非要使用，最好不要选择喷雾类型的，而用固体块凝的；适合那些发量较多的发质，同时，如若头皮有伤，也不能使用，否则容易引发伤口感染。

切记：孕妇不要使用啫喱水。

10.沐浴盐能用来洗脸吗？

大家从电视电影上看到欧洲的一些水手，他们虽然长年在海上风吹日晒，可皮肤依然白皙光滑，吹弹可破。

这是什么原因呢？有些人分析了，说实际上这都得益于蕴涵在海风中的海盐。海盐富含各种人体必需的微量元素，能给皮肤足够的营养。

由此，海盐美肤的说法也被传开了。沐浴盐产品也风靡起来。

既然海盐能美肤，一些爱美人士又说了，那沐浴盐产品也能用来清洗脸部吗？

我们从一些宣传海盐淋浴产品的资料上看到，海盐有各种好处：未深加工，富含铁、硒、镁等人体必需的微量元素……

下面我们先来认识一下盐。

目前，市场上的一些沐浴盐，其成分主要是：盐、香精、色素、稳定剂、防腐剂……

我们从这些成分中很容易就了解到，它和我们使用的沐浴露唯一的区别就是加了盐而已。

无论是海盐还是井盐，甚至是我们日常生活中的食用盐，本身都是具有消炎杀菌的作用的。同时，盐是颗粒状的，在皮肤上摩擦可以起到去除死皮的作用。

去了死皮的皮肤，能不光滑细腻吗？

明确了盐的作用，我们也就清楚了沐浴盐的功效：杀菌清洁＋磨砂去死皮。

说得更形象一点，沐浴盐只是起了一个砂纸的作用。

既然是“砂纸”，我们在用的时候，就要谨慎了。试想一下，用张砂纸在脸上搓会是什么感觉。用“砂纸”给脸部抛光，能有好吗？

浴盐的分类：

大颗粒浴盐：它只适合放在浴缸里泡澡用，千万别拿它来洗脸磨皮。这种浴盐里加有精油，在浴盐慢慢融化的同时，精油的香氛缓缓释放，基本属于在家就可以享受的浴盐精油SPA了。

注意：看清楚浴盐的说明书，浓度不宜大（正常澡盆内有3-5茶匙就够了），温度不宜太高（不超过40℃），时间不宜久（20分钟左右），否则皮肤会脱水。

细颗粒浴盐：它既能和大颗粒浴盐一样，用于泡浴，又可以用做洗澡时的磨皮工具。等到身体充分湿润后，就可以在手肘、膝盖、脚后跟等“老皮”较多的地方使用浴盐，轻轻按摩至颗粒融化，冲干净即可。

注意：不要在脖子、胸部等皮肤较薄的地方使用浴盐，按摩的力道不能太大，而且每周一次即可（夏天一周2次，冬天调整为一周一次或两周一次），皮肤敏感者慎用，皮肤有伤口处禁用。

自制沐浴盐：市面上货真价实的精油海盐较贵，一般的沐浴盐有可能因为黑心商人加入的是工业盐，不如在家自制浴盐。

做法：将橄榄油、蜂蜜、食盐以1：1：1的比例混合，在洗澡的时候，将其作为细颗粒浴盐使用，无过敏隐患，既安全放心，效果也好。

炒菜的时候，我们都要选对盐，把握好放盐的量和时机；洗澡的时候，更要选对沐浴盐，更要正确使用。只有这样，才是对我们皮肤的负责。

11.焗油膏真能导致白血病？

焗油，相信很多成年人都经历过，而且该产品也在很早时候就出现了。电影电视里经常会有这样的场景：一些阔太太们悠闲地坐在美发店里，手边翻着杂志，脑袋上顶着一个大大的“蒸笼”给头发焗油。

在那个焗油还是个奢侈品的年代，对于一些爱美人士来说，即使囊中羞涩，也要千方百计让自己的头发乌黑发亮，就这样，慢慢地焗油膏就产生了。

焗油膏的说明书上，通常会写以下几种功效：防止头发干枯分叉、增加头发的弹性、增加头发的光泽、减少烫发的损伤……好像一使用这种焗油膏，各种头发问题都会迎刃而解。

由于一般的焗油膏比较便宜，而且在超市有售，所以很多人就把它买回去，让家人或自已帮着焗油。刚焗过后，真的好像头发飘逸了、黑亮了。其实，这很可能只是假象而已。

其实，焗油膏里的成分与护发素基本类似，主要是硅灵在起作用，干枯受损的发丝上有很多细小的空洞，焗油膏里的化学物质填充了这些空洞，于是头发变得柔顺且有光泽。不过，几天后如果洗过头就会发现头发又恢复到了焗油前的样子，头发并没有从焗油膏里获得任何营养。

而且，对于一些具有染发功效的焗油膏，它里面还含有铅、汞等重金属元素，当焗油膏中的这些有害物质渗透头发，进入人体后，就会破坏人体的血细胞，最终导致淋巴癌和白血病。

这么一说是不是觉得很可怕？确实有这么可怕。

市面上销售的一些焗油膏，多多少少都含有重金属，即使广告上吹得天花乱坠，是什么纯天然，无毒无害无污染，还是需要我们去认真鉴别，同时，在使用时也要注意以下几点：

（1）一周最多使用一次。

（2）头发油腻的人，最好不要使用焗油膏，以免由于油分过剩而堵塞毛囊，引起脱发。

（3）每次焗油前，一定要彻底清洁头发，否则，头发上的细菌与焗油膏里的物质产生反应，会导致真菌滋生，头皮屑剧增。

（4）焗油的时间不宜过长，最好不要超过20分钟，其间如果需要加热，也不要让焗油的温度过高，高温会加速身体吸收有害物质。

（5）焗油结束后，一定要将头发彻底冲洗干净，尤其是头皮部分，别怕焗的“营养”被洗掉了，因为头发根本就没有吸收外在养分的功能，而头皮上残留的化学物质，很可能积少成多，最后损害身体健康。

记住！焗油不是护理头发，很可能是损害健康。孕妇禁止使用。

12.致癌｜如果错误使用了染发剂

笔者看了个新闻，说一位38岁的英国妇女因为染发剂过敏导致死亡，是不是觉得震惊？那再看几个数据。

美国市面上出售的169种染发剂中，有150种含有致癌物质。美国如此，那我们中国呢？

在接触性皮炎患者中，有20%是由于染发剂导致的。

使用染发剂的妇女比不使用染发剂者，患有乳腺癌的风险高四五倍。

染头发的人比不染头发的，患淋巴癌的概率要高50%。

……

这些触目惊心的数据，是不是让我们开始对染发剂产生“敬而远之”的心情了？现在让我们再通过染发后的感觉，分析一下染发剂中的成分吧。

染发后，是不是觉得头发变得更干燥了？

这是酒精的作用。

一听“酒精”更诧异了吧。心想，染发剂中怎么可能含有酒精呢？一点都不奇怪，任何一种染发剂中都含有“酒精”。因为酒精是有机溶剂，可以让更多的化学物质溶解在染发剂中。

染发后，是不是觉得头发比原来相比更硬、更轻了？

这是染发剂中不可或缺的过氧化氢在起作用。过氧化氢是显色剂，它会祛除头发本身的硫，让发色变浅，更容易着色。

是不是在染发剂不小心接触到面部皮肤后，眼睛会有酸涩感，想流眼泪？

这是染发剂中氨水的原因。氨水是一种强碱，可以打开头发的表层，让色素进入头发。

有没有发现在任何染发剂的说明书上，都会明确要求：杜绝直接接触皮肤，在操作过程中一定要戴手套，并要进行过敏测试？

这是因为任何一种染发剂中都含有苯二胺，这是一种公认的致癌物质，它会诱发部分人过敏。过敏较严重者，还可能休克死亡。那位英国妇女就是苯二胺过敏造成的。

看了以上的说明，是不是觉得染发有风险呢？

我们的头发上有全身最为密集的毛囊，这些毛囊恰好成了各种化学毒素进入我们体内的最佳通道，就算染发剂不直接接触头皮，其挥发性物质一样会侵入人体，所以：如无必要，不要染发！

如果一定要染，也要注意以下事项：

（1）染发次数越少越好，最好一年不超过两次；

（2）染发前，别忘了皮肤过敏测试。具体做法是，将一点染发剂涂在耳朵背后的皮肤上，等48小时看有什么不适反应；

（3）染发时，染发剂距离头皮最好大于1厘米；

（4）染发前在头皮上涂抹一些凡士林，以防止染发剂沾染到皮肤上；

（5）染发后，最好多清洗几次，确保头部皮肤的洁净；

（6）使用正规厂家的染发剂，不要使用发廊提供的三无产品。

严禁染发者：头部皮肤有任何过敏、伤口、疥疮的；高血压、心脏病患者；孕妇。

13.护手霜未必能护手

有句话说：看一个女人是否养尊处优，先看她的手。

小说《尘埃落定》里也有这么一个场景，贵妇人每次在洗完手后，都要将双手在鲜奶中浸泡片刻，然后再取出来擦干。目的就是通过牛奶中所含有的油脂成分来保养双手。

牛奶里面肯定很有营养，用这个保养双手确实也不错，可是想想看，对于我们这些普通老百姓来说，用牛奶来保养手是不是太奢侈了一点？甚至可以说哪有这种条件用牛奶来保养双手？

没条件用牛奶保养，那就用护手霜。因为美女们都知道，双手是女人的第二张脸，是养尊处优，还是辛苦操劳，一望便知。

不然哪来的纤纤玉手？

可有了护手霜，双手就真能保持细嫩，变成纤纤玉手？不一定吧！

没有正确选购和使用护手霜，是无法获得美手的。

那要怎么选护手霜呢？

滋润、持久、香味不刺激、易于被皮肤吸收的才是优质的护手霜。

比如说，对于已经长了老年斑的老年人来说，选择护手霜时，最好选含有乳木果油的高档护手霜。

这样在坚持使用一个冬天后，很可能不仅让双手变得细嫩，而且连手上的老年斑都有可能变浅！

所以说，一支优质的护手霜，其价值远比某些昂贵的面霜要高。

有些人又要说了，不就一双手吗？用得着花那么多钱来护理？

双手是身体的各个部位中最辛劳的，洗衣服时在洗衣粉里泡，洗碗在洗洁净里浸泡，即使不沾水，也要不停打电话，拖地等。手上的皮肤又不分泌油脂，所以更需要我们多加关怀。

选对了护手霜，还要学会用。

护手霜不能跟面霜一样早一次晚一次用用就好，而是应该随时使用。比如说，双手沾了水，从卫生间出来，洗完手后就要涂抹上护手霜。因为水分已经带走了油脂，就要及时补上。当然，涂抹的时候，没必要像《失恋33天》里的王小贱那么夸张。但随身带一支30ml的护手霜，以便需要时涂抹，却是非常必要的。

正确的涂抹方式：先把双手搓热，然后将护手霜均匀地涂抹上，涂抹时，手心、手背、手指缝、指甲，一个都不能少，一定都要涂抹到，等到双手将护手霜吸收了，再去做事。

我们也知道，没几个女人能够嫁入豪门，可以不用做家务；更多的女人，有着做不完的家务，接触到各种洗洁精、洗衣粉、肥皂等都是常有的事。

这时候，为了预防伤害双手的皮肤，可以戴上一双几元钱的橡皮手套。如果偶尔忘了戴手套，在洗刷前，双手提前抹好护手霜，也是能起一定的防护作用的。而且在清洁工作完成后，也要记得再涂抹护手霜。

很多人有个误区：觉得护手霜只有冬天才有必要用。实际上，夏天也需要使用护手霜，只不过夏天用一些清爽保湿的即可。而且如果要外出，一定要选用有防晒指数的护手霜。

生活小常识：

对于那些正喂养宝宝的妈妈，为了避免把护手霜吃到宝宝嘴里，可以选用一些橄榄油、维生素E来保持双手的细嫩，这样就不必担心化学品的污染了。

总的来说，选用品质较好的护手霜，然后坚持做到沾水就用护手霜，涂抹时也能到位。这样坚持一个月之后，双手肯定会成为“纤纤玉手”的。

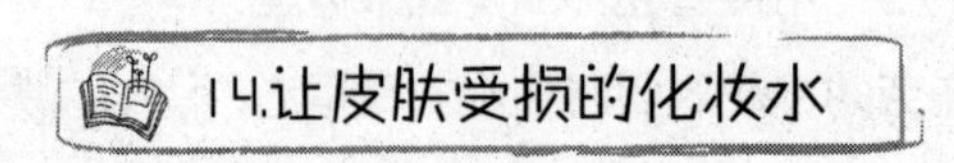

美女们在洗好脸，化妆前，首先会做什么？

肯定是先用化妆水，等到皮肤滋润后再抹面霜，然后再进行一系列的护肤、化妆；晚上回到家里，卸妆时，洗好脸后，第一步还是要用化妆水，然后再抹晚霜，或者做面膜等。

总之，化妆水是一切护肤的第一步，非常重要，甚至可以说是改善皮肤最重要的一环。

化妆水真有这么重要吗？它的成分又是些什么呢？

下面让我们先来了解一下什么是化妆水。

化妆水是爽肤水、收敛水和柔肤水的总称。

小小一瓶水里，可是大有乾坤的。

无论你是什么类型的皮肤，在洁面后，直接使用面霜和先使用化妆水，再使用面霜，效果绝对是不一样的。

先使用化妆水，再使用面霜时，皮肤对面霜里的营养会更容易吸收，干燥的肌肤也会变得更滋润，油性的皮肤则可以让皮肤不太油，达到一种平衡。

所以说，化妆水的作用，就是为了让皮肤达到水油平衡的状态。

虽然化妆水的功效这么大，但如果不慎用了劣质的化妆水，不仅不会给我们的肌肤带来平衡，滋润我们的皮肤，反而会对皮肤造成损伤。

那要怎么挑选化妆水呢？

拿过一瓶化妆水来，先用力摇一摇，如果出现了又多又大的泡泡，就说明这瓶化妆水里含有水杨酸。

水杨酸的洁肤效果非常好，但刺激性也很大。如果你属于干燥型或敏感型皮肤，那千万别使用这种化妆水。

如果泡泡小而细，而且消散快，那说明化妆水里含有酒精。如果放我们鼻子底下闻闻，还能闻到一点刺激性的气味。

油性皮肤通常都是使用含有酒精的化妆水，这种化妆水也称收敛水，来达到清洁毛孔、抑制油脂分泌的效果。不过，这种化妆水也易引起皮肤干燥、脱皮，甚至过敏。所以如果属于过敏性皮肤的话，最好也别用。

而如果摇后泡泡太少，很可能这瓶化妆水没有任何作用，既无营养也无美肤作用，无异于一瓶矿泉水。

那什么样的化妆水才是好的呢?

泡沫细腻而丰富，小而密，久经不散。

如果在摇后，瓶子里的化妆水呈现这种状态，那就说明这化妆水的营养成分非常足，而且有害成分也较少。

当然，在我们选择化妆水的时候，最好能根据自己的肤质来选择适合自己皮肤的化妆水。

通常，中干性皮肤的人士，要尽量选择那些保湿化妆水或植物化妆水。

油性或混合性皮肤的人士，尽量选用保湿化妆水、控油化妆水或植物化妆水。

敏感皮肤者则要选择保湿化妆水或植物化妆水。

肤色暗沉者，适宜选择保湿化妆水、植物化妆水或美白化妆水。

注意：美白化妆水中的某些成分极易感光，也容易导致皮肤过敏，选择前一定要先进行过敏测试。使用的时间最好是在晚上，这样可避免日晒。

知道了应该选择怎样的化妆水，那知道使用方法吗?

很多经常使用化妆水的美女说，不就是把化妆水倒入掌心，然后拍到脸上吗？而且拍的力量越大越好，这样就能很好地吸收了，而且可以让皮肤的血液流动畅通。

其实这是一种错误的做法，正确的做法是：

（1）用化妆棉蘸满化妆水，然后用轻轻按压的方式，让皮肤尽可能地吸收化妆水的营养和水分。

（2）如果不习惯用化妆棉，也可以用手指肚蘸化妆水，在面部轻拍，促进它的吸收。注意是轻拍，不是使劲拍出响声。

生活小常识：

把化妆水放在冰箱的冷藏室里，这样就能防止化妆水中的营养成分变质，还可以借助经过冰镇的化妆水来收敛毛孔。

15.谨防牙刷带来的病毒感染

一支不起眼的牙刷很可能是家庭中最危险的物件。不洁净的牙刷可能会带来心脏病、中风、关节炎和其他传染病。

听起来是不是有些耸人听闻？

甚至觉得不可能，是夸大其词？

据曼彻斯特大学一项研究显示，牙刷普遍藏有约一千万个细菌，包括可致命的葡萄球菌、链球菌、大肠杆菌和假丝酵母。而很多细菌能经过牙肉的伤口直接进入血管，严重者可导致动脉发炎和血管闭塞。

哥伦比亚大学的医学报告指出，从心脏病人口腔中抽取的细菌，竟然可以在动脉血管中找到。如果这些有害细菌入侵血液，久而久之就会影响我们的免疫系统。

在我们很多家庭，是不是存在一家几口各用自己的牙刷，但却共用一个漱口杯，牙刷放在一个漱口杯里的情况？

一定没意识到它的危害吧！

据一些牙科专家表示，甲、乙、丙型肝炎的病毒都是可以在牙刷上找到的，乙型肝炎的孢子尤其顽固，可依附在牙刷上达数月之久。

因此，人们把数支牙刷放在同一个漱口盅内的习惯也要改一改，因为牙刷如果互相触碰，便会增加细菌和病毒传播的风险。

当然，即使表面干净的牙刷，也可能匿藏了致病微生物，所以一定要注意。

下面从我们日常生活中使用牙刷时的一些现象说起。

小时候，父母就告诉我们，早晚要记着刷牙，但却没有告诉我们，多长时间需要换一支牙刷。或者说，也许连父母也不知道牙刷要多久换一次。甚至为了节约，他们直到把刷毛用秃了才换。

也正因为这样，即使我们有着每天刷牙的习惯，但口腔问题依然存在，据了解，我国口腔患病率高达97.6%。

很多人可能不知道，这和我们使用的牙刷有很大关系。

现象：牙刷细菌诱发牙过敏。

每个人的牙刷，用1个月以后，上面都会繁殖大量的白色念珠菌、溶血性链球菌、肺炎杆菌和葡萄球菌。

使用这些带有致病菌的牙刷对人体健康是一种潜在威胁，特别是对免疫系统不健全和接受器官移植的人，这些细菌可以成为致病的因素。

打个比方，牙齿过敏症，这是一种中年以上的男女最常见的多发病。如果使用了那些带有病菌的牙刷，有了诱发因素存在，牙本质过敏症就会慢慢发展为牙髓炎、牙周炎等，使牙齿最后失去功能。

对策：出现牙本质过敏症要及早治疗，首先要从勤换牙刷开始。当然，无论是牙齿病患者的牙刷，还是健康人的牙刷，都应该保持快节奏地更换速度。只有这样，才能预防牙病的发生及牙病的加重。

现象：牙刷放浴室细菌繁殖快。

问十个人，牙刷放在什么地方？肯定最少有九个都回答是放在洗漱间的。洗漱间肯定也是卫生间、浴室。

殊不知，把牙刷放置在卫生间，对健康是非常不利的。卫生间是最不卫生的一个地方。当我们洗澡的时候，脏水很可能溅到牙刷上；上完厕所后冲水，水珠肯定也会四处飞溅，细菌可以说散布到了洗漱间的每个角落。

而牙刷毛上也很有可能留下一些牙膏和食物的残渣碎屑，加上洗漱间的再次污染，使牙刷上面布满大量的细菌群，足以让人染上急性肠胃炎、肺炎等疾病。

对策：不要将牙刷放置在离水源较近的地方，卫生间的马桶盖不要敞开；每当伤风感冒、流行性疾病初愈时，应该及时换上一把新牙刷；刷牙后，务必要认真仔细地洗净牙刷上食物残渣，牙刷最好放置在通风处吹干。

现象：一次性牙刷最伤牙龈。

知道了牙刷要常换，很多人会不会觉得在酒店用的一次性牙刷就最干净？实际上并不是这样的。

一次性牙刷商为了节省成本，牙刷的毛束和成分并不是合理排列的。所以那些毛束，很可能会损伤我们的牙龈及牙齿，造成牙齿的楔状缺损，以及牙龈出血、萎缩等。

对策：外出时最好自带牙刷、牙膏，尽量不使用一次性牙刷。

牙刷是用来清洁牙齿、保持口腔卫生的专用工具，选择得好，就能把牙齿刷得周到干净，选择得不好，不仅不能把牙齿刷干净，甚至会损伤口腔健康。

那要如何选购牙刷呢？

（1）根据使用对象购买牙刷。根据成年人、少儿、幼儿口腔大小的不同来选择，刷毛的毛面长度最大不超过42毫米，刷毛高度不超过13毫米，刷丝的直径在0.2～0.3毫米之间。通常牙刷包装上都有注明，购买时要注意看。

（2）牙刷刷头宜小不宜大。不同类型的牙刷刷头有大小之分，要想刷到口腔的每一个部位，一般宜用小头牙刷。

（3）磨毛牙刷可避免刺伤牙龈。除了齿状形牙刷外，使用磨毛牙刷可以有效地达到口腔保健的目的。这种牙刷的外包装上都注有“磨毛”二字。

（4）注意外观和价格。从外观看牙刷洁净、刷毛平整、包装严密的产品，一般质量都比较可靠。对于那些没有产地、没有质量认证的牙刷，千万不要购买。

16.错误使用牙膏，影响的不只是味觉

谁不想拥有一口洁白的牙齿？天天看着自己日渐发黄的牙齿，肯定对那些

能美白牙齿的产品趋之若鹜吧！

看着电视里播放的那些铺天盖地的、美白牙齿的广告，想必你的牙膏也是换了一支又一支吧。那么，牙膏真能起到美白作用吗？

实践经验和去咨询专家医生，得到的结论是：想让牙膏使牙齿美白，只是个美好的愿望罢了。

我们牙齿的颜色，正常情况下是淡黄色的。我们从电视上看到的那些咧开嘴笑的明星，他们嘴里的那口白到闪亮的牙齿，绝对不是靠刷牙、使用美白牙膏得到的效果，而是烤瓷牙的结果。

牙膏对于我们来说，它的真实的作用只是辅助刷牙，将牙齿里的残留物清洁干净。

我们先来认识一下牙膏。

牙膏的成分，绝大多数是无害的。当然，前提是不会被你吞咽，而且使用的剂量也不能过多。千万不要学电视广告里那种，一挤牙膏就挤满整个牙刷刷头，这其实是错误的。

牙膏里的成分绝大多数无害，但并不能说是绝对安全的，如果不小心吞咽下去，可能对身体也是有影响的。

我们先来看看牙膏中这几种不可小觑的危害成分：

氟：含氟的牙膏可以预防龋齿。但幼童是否适合这种含氟的牙膏，还是有待商榷的。

因为小孩子小，在用牙膏的时候，很可能将牙膏咽到肚子里去。而氟这种元素如果被食用，将会对身体造成危害。

所以在给孩子选用牙膏时，一定要注意，尽量避免使用这种含氟的牙膏。如果为了预防孩子龋齿，想给他们用含氟牙膏，那在孩子使用的时候，也要在大人的监督下使用，预防他们吞咽牙膏。

月桂醇硫酸盐：这是一种化学物质，而且被广泛添加在牙膏中。如果刷牙时不慎将其吞咽，或者使用剂量过大的话，有可能会导致以下后果：肠胃病、肝中毒、口腔溃疡、口腔癌。所以每次的牙膏用量应该保持在豌豆大小，而且宜少不宜多。如果在刷牙后，感觉到牙齿发酸，这说明使用的牙膏中，月桂醇硫酸盐的含量比较高。

研磨剂：这种物质对那些经常抽烟、喝酒、饮茶、喝咖啡者，清除他们牙齿上的牙渍很有好处。因为添加了“磨砂”成分的牙膏可以从某种程度上协助祛除牙渍。但与此同时，这种研磨剂对牙龈的损伤也是很严重的。如果长时间使用这种物质含量高的牙膏，不仅会引起牙龈出血，而且很可能让牙龈松动。所以使用含研磨剂的牙膏时，一定要注意尽量避开牙龈。

使用牙膏时，还要注意什么呢？

（1）勤更换牙膏。我们的口腔里，大约有400多种细菌，这些细菌对除菌药物的耐受性不同。如果长期使用一种牙膏，会让细菌对这种牙膏产生耐药性，导致口腔内菌群失调，容易患各种口腔疾病。

（2）注意牙膏的保质期。一支牙膏开封后，最好能在两个月内使用完，因为牙膏中的化学成分容易发生变质，接触空气后极易滋生细菌。

17.漱口水也可能会致癌

漱口水能帮助清洁牙齿和口腔，给我们带来清新的口气。在我们享受清新口气的同时，千万不能忘了，这种能给我们带来清新口气的漱口水，里面却是含有一种必不可少的原料酒精的。

澳大利亚国家癌症研究中心曾有份报告显示，漱口水中的酒精含量是25%或者更高，它与口腔、舌头、咽喉的癌变有关。

漱口水中能造成癌变的主要因素是酒精？酒精原本是杀菌的，怎么又成了致癌物呢？既然是这样，白酒里面含的酒精不是更多，为什么没说白酒是致癌物呢？

原来，酒精不仅能够杀菌，而且还是一种有机溶剂。当我们喝白酒的时候，白酒很快就被我们吞咽进喉咙，并且很快又到胃里了。但漱口的时候却不一样，漱口水中的酒精会在口腔内升温，而且停留时间较长，往往会超过10秒。这时，酒精就会产生化学反应，代谢出乙醛，乙醛可致癌。

所以与其说是“酒精”在作祟，不如说是乙醛是罪魁祸首。

这里的酒精不仅可致癌，还会在某种程度上破坏口腔内膜。尤其是当漱口水在我们嘴里停留时间较长时，口腔内膜被破坏，口腔里的细菌和有害物质就会很容易侵入人体，对人体造成伤害。

比如，抽烟的人，口腔里的尼古丁会在漱口水中的酒精作用下，透过人体表皮，进入细胞，积少成多，增加患癌症的概率。

总之，漱口水中的“酒精”致癌的原因，就是因为它杀死了我们与生俱来的免疫力，杀死了有益菌，让我们的口腔环境变得很弱，病菌能够乘虚而入。

当然，我们也不能说，经常用漱口水的人，肯定会得口腔癌等。就好比抽烟的人不一定都会得肺癌一样的道理。但也就像肺癌患者绝大多数为吸烟人群，或二手烟受害者一样，漱口水中的酒精成分是会增加罹患口腔癌的风险的。

由此可见，漱口水不是完全不能用，而是尽量使用不含酒精的漱口水。

那怎么使用漱口水最安全呢?

如一些上班族，在中午午餐结束时，难免会因为饭菜中有大蒜、韭菜、咖喱等，让我们口腔里非常不舒服，或者正好要参加一个会议或宴会，如果咀嚼口香糖又有点不雅，不妨在办公室抽屉里准备一瓶不含酒精的漱口水。

当然，需要注意的是：漱口的时间要控制在10秒左右。用漱口水漱完口后，记得用清水再次清洁口腔。

谨记：口腔里已经有溃疡或伤口的时候，千万不能使用漱口水。

总之，漱口水要用就用无酒精的，能不用则不用。而且也不要用漱口水来替代刷牙。

还有，如果您出现了口臭，若不是牙齿本身的问题，大多数是因为肠胃消化系统有问题，应该到医院做消化系统的检查，而不是用漱口水来解决表面问题。

18.长期使用粉饼造成铅沉淀的说法对吗?

明星展现在我们面前的，绝对是美艳动人的一面。但如果有幸看见了明星的素颜，那一定会大失所望：“这明星从电影电视上看这么漂亮，真人也不咋样嘛，甚至还不如我们平常人漂亮！”

确实如此。经常化妆的人，尤其是化浓妆的人的皮肤，绝对比不化妆的人糟糕。

名模瞿颖曾坦言说，随着年龄的增长，她化妆时的粉越用越重，为的就是盖住日渐严重的皮肤瑕疵。

为什么化妆品对我们皮肤的损伤会那么大呢?

化妆品无论被广告上吹嘘得多么神乎其神，用到脸上看起来多么艳丽，它最终只是化工产品。

对于广告上所说的植物精华，完全可以听听就行，万万不能信以为真。不说别的，我们先来说粉饼吧。它和爽身粉里的白色粉末一样，也是含有对人体有害的铅的。

因为铅的化合物能使颜色更持久，而且遮盖瑕疵的效果很好，为了让粉饼之类的遮瑕化妆品有“奇效”，厂商也就会大量加“铅”。而且可以说，所有的粉饼都是含有铅的，区别只是含铅量多少而已。

那么，粉饼中的铅的危害到底有多大呢?

身边有这么个例子，一位经常化妆的女士，在单位进行体检，进行血铅检测时，发现她体内的血铅含量非常高，有铅中毒迹象，而且很可能造成不孕不育。

医生的这个检查结果，让这位女士大惊失色。而更让她不明白的是，她只是在脸上涂抹了粉饼，又没有吃进去，却造成了体内铅中毒。

原来，人体的皮肤是活的，也是可以呼吸的，它无时无刻不在与外界进行着各种交换，当我们在脸上涂抹粉饼时，皮肤难免会吸收其中的一部分铅元素，并将其沉淀在血液中。每使用一次粉饼，就相当于给皮肤喂了一次“铅”。铅是一种重金属，不容易被人体代谢出体外，日积月累，就会造成人体的铅中毒。

以下教大家几招怎么分辨自己是不是铅中毒：

皮肤变得粗糙，毛孔粗大，皮肤变黑发干，暗淡无光泽，比以前更难定妆——轻度铅中毒。

消化系统紊乱，莫名呕吐、腹泻、失眠、头晕——中度铅中毒。

严重失眠，有贫血症状——重度铅中毒。

所以当出现了轻中度铅中毒的时候，经常化妆、使用粉饼等化妆品的人，就应该停止使用此类化妆品，并到医院进行血铅检查。否则达到重度以后，可能会危及生命。

怎么预防？

知道了粉饼的危害，我们就要尽量减少使用此类含铅化妆品。如果不得不使用粉饼，也要在用粉饼前先使用隔离霜，尽可能减少皮肤吸收铅。

妆容保持的时间越短越好，晚上睡觉前一定不要忘记卸妆。

如果因为工作关系经常需要化妆的，可以多食用胡萝卜和大蒜等排铅食物，减少重金属对身体的危害，同时，一定要勤体检。

判断粉饼含铅量的小窍门：

将一枚硬币擦拭干净，用硬币边缘在白纸上划痕迹，然后再将粉饼的粉涂抹在硬币边缘，再次在白纸上划痕。如果涂抹了粉饼的硬币划出的划痕越黑，表示该粉饼内的含铅量就越高。

19.导致皮肤衰老的竟然是腮红

我们常常听到形容一个美女，说她“颜若桃花”。意思是说，她的面孔像桃花一样，白里透着红。

白里透着红是一种健康的美，为了追求这种健康的美，美女们在化妆时就少不了用腮红。

什么是腮红呢?

腮红，古代被称为胭脂。从古到今，胭脂对于妆容的提升都起到了画龙点睛的作用。

但美女们在让自己变得娇艳动人的时候，是否意识到危险也正伴随着自己?

想不到吧，我们现在先来看看腮红，也就是胭脂的成分。

美女们使用的腮红，不管是膏状、粉状还是现在流行的液体状，它的主要成分无外乎是：滑石粉、高岭土、氧化锌、二氧化钛、硬脂酸锌、硬脂酸镁、碳酸钙、碳酸镁、色素、胶合剂、羊毛脂、矿物油等。

这些物质，对皮肤的损害有多严重，可想而知。

除了这些对身体有害的成分外，由于化妆时，我们使用了化妆水、润肤露、隔离霜、粉底液、粉饼，再到腮红，这一层又一层的，犹如给皮肤“穿”上了厚厚的“衣服”。

皮肤也想透个气，呼吸点空气，但都做不到，能对皮肤有好处吗？更不要说那些化学物质正覆盖在皮肤上，正被皮肤无奈地、被动地吸收着。

如果长期这样，皮肤因为长期吸收有害物质而不能呼吸新鲜空气，也会像花一样渐渐枯萎。

所以说，腮红使用不当，不仅不能美容，而且还会毁容。况且，腮红并非适合所有人。

有痤疮或青春痘的，别说用腮红了，就连一般的粉饼都不适合，最好远离这些化学物质，否则皮肤的问题会更严重。

面部在上了粉以后，不“吃粉”的，也就别用腮红了，否则妆容看起来会很假，欲盖弥彰，还不如不化妆；有些美女说了，我豁出去了，以后有什么后果我不管，我只要现在美。那么，在选择腮红的时候，也要多注意。选择质量好的、适合自己的。一定要根据自己的肤色来选择腮红，不然很容易让脸上出现“猴屁股”。

选择腮红的小秘籍：紧握自己的拳头，然后再张开手掌，观察手指肚的颜色，如果指肚偏白，就用粉色系的腮红；如果指肚偏黄，则该用冷色系的腮红。因为最接近肤色的是人手的指肚颜色。

注意：在使用腮红的时候，量一定要少，而且晚上睡觉前，一定要记得彻底卸妆。

还有一点一定要注意，如果腮红是用粉刷来刷的，千万别忘记定期清理粉刷，因为细菌很容易在粉刷上繁殖。

如果不注意的话，到时候刷到脸上的不仅有化学有害物质，而且还有各种细菌，那皮肤的健康也就可想而知了。

20.小心用眼影，容易伤到眼角膜

很多美女都渴望自己拥有一个深邃的、有神的、立体的眼睛，无奈亚洲人的面部较为扁平，缺乏立体感，尤其眼部略显水肿，不像欧美人具有较高的眉骨与深陷的眼眶。

于是，眼影成了美女们的最爱，眼影的首要作用就是要赋予眼部立体感，并透过色彩的张力，让整个脸庞妩媚动人，很好地弥补了东方人的面部缺陷。

当然，虽然眼影能让美女们变为“媚眼”，但如果选择不好，甚至使用不当，也会伤害到眼睛的。

如果我们仔细观察就会发现，大街上更多美女会选择棕色、褐色的深色系眼影，尤其是烟熏妆的流行，让化妆的美女们手头几乎都有一款深色眼影。

但是，美女们不知道的是，越是颜色深的眼影，越对眼睛有杀伤力。这个道理与深色的染发产品的危害是一个道理：颜色深，色素粒子越重，其所含的某些重金属就会成为皮肤的过敏源。

与此同时，眼影中的化学微粒，若是不小心掉落在眼睛里，那些微粒就会磨蚀眼角膜，造成眼角膜的损伤。

试想一下，如果我们的眼睛里有了这些微小颗粒的刺激，即使不会马上破坏眼角膜，也会引起视力下降，严重者很可能会导致视网膜脱落。

所以说，眼影如果不注意使用方法，很容易“美目”不成，反“损眼”。

我们现在对一些眼影的优缺点做个比较：

膏状眼影——优点：易上妆，便携带。

缺点：易脱落。

适合人群：中性／干性皮肤。

注意：使用时，量一定要少，否则很容易令皮肤产生干纹。使用前，先对眼部的皮肤做足保湿的准备。

粉状眼影——优点：妆容持久。

缺点：涂抹不便，需要技巧。

适合人群：中性／油性皮肤。

注意：这些带有金属微粒的闪光眼影，不仅容易造成眼部皮肤的过敏，而且更容易进入眼睛，对眼睛造成伤害，使用时一定要慎重。

涂抹眼影前，记得给眼部周围先上粉，再涂眼影，这样的妆容才会比较自然。

用法：无论使用何种类型的眼影，手法一定要轻柔。不然会损害眼部周围脆弱的皮肤；在用眼影刷时，千万要小心，别让眼影掉入眼中；卸妆一定要彻底，最好使用专用的眼部卸妆液来卸眼影；过期的眼影不要使用，而且别忘了保持眼影刷的干燥清洁。

小常识：一些蓝绿色眼影，虽然也受一些时尚美女的喜欢，但一般人还真Hold不住这种颜色的眼影，稍不注意就会把自己画成在夜店女郎哦。

21.眼疾很可能是睫毛膏引起的

俗话说，眼睛是心灵的窗户，那么睫毛就是窗帘。

拥有了一双漂亮的窗帘，也是在保护我们心灵的窗户。

试想想：在密而长的睫毛下，忽闪着一双明亮的大眼，这一定是每位爱美女士都想拥有的。所以才有了那么多的睫毛膏，好像只要“一刷”，美睫毛就出现了。正因为如此，在很多女士的包里，都不会缺了睫毛膏。

可美女们一定不知道，如果错误使用了睫毛膏，那别说拥有一双迷人眼睛了，甚至很可能惹上眼疾。

下面我们就来说说睫毛膏使用不当而产生的几种危害及解决方法：

如果你购买了廉价睫毛膏：产生的后果肯定是眼皮肿成“咸蛋超人”，甚至睫毛脱落，眼睛红肿。

原因是因为廉价睫毛膏中使用了劣质化学品，导致了皮肤、毛囊、眼角膜受损。

对策：气味刺激、质地干燥、刷头粗糙的睫毛膏不要用。

反复多次刷，刷得太多：后果就是睫毛脱落。

原因是因为睫毛根部也是毛囊，它需要呼吸，多次反复的睫毛膏覆盖，让睫毛根部堵塞，造成“皮之不存，毛将焉附”。

对策：质量过硬的睫毛膏在化妆时，涂抹几次，定型即可。

共用睫毛膏：后果是过敏。

因为每一支开封的睫毛膏，随着每次的使用，都会附上一些细菌，如果使用了别人的睫毛膏，就等于和人共享细菌，会产生交叉感染。

对策：睫毛膏和其他化妆品一样，属于私人用品，不外借，也不用别人的。

顶着睫毛膏睡觉：眼球红肿、眼睑水肿、眼睛干涩、眼皮老化。

因为眼皮周围的皮肤，由于少油干燥，最容易过敏老化，睫毛膏等化妆品残留，就会加速老化，且化学物质对整个眼睛都有危害。

对策：睡觉前，先卸妆。具体做法：用化妆棉蘸上卸妆水，在睫毛膏处轻贴数秒；等其充分溶解后，由上往下擦拭；用化妆棉清理毛间残留；最后再用干净的化妆棉清洁干净。

几种睫毛膏换着用：后果是过敏。

因为每种睫毛膏内的化学成分相互产生反应，导致过敏。

对策：一种睫毛膏，使用完再换。

睫毛膏用得时间太长：角膜溃疡、眼睑发炎。

原因是睫毛膏上会附着大量的细菌，细菌在此不断繁衍，形成一个庞大的家族，随着使用转嫁到我们的眼睛上。

对策：一支睫毛膏，最多使用三个月就要换。

在着急情况下，匆忙往睫毛上刷：后果可能是眼角膜损伤。

因为睫毛膏的刷子不小心刷到眼睛，就会损害眼角膜，同时也会把睫毛膏上的化学物质带到角膜上，从而引起各种眼疾。

对策：刷睫毛膏，是需要一定的耐性的，要心平气和，不能草率了事，否则会使眼睛受到伤害。

22. “香水有毒”不再是歌

很多美女都喜欢用香水，特别是夏天的时候，不过，如果在一些公共场合，闻到的是一阵阵令人窒息的香水味时，也会让人觉得不舒服的。

香水，原本是令人愉悦的，但当使用香水的人，不考虑场合，不顾及他人感受时，就是一种“强奸”他人嗅觉的行为，令人生厌。

所以使用香水，也要适度，也要分场合。

那在使用香水的过程中，要怎样杜绝自己的香水令别人不愉快、难受，而自己却并不知的情况呢？

首先，坚决不用廉价劣质香水。

在通常情况下，优质的香水会比较贵一些，而之所以贵，是因为其中蕴涵植物萃取的精油。但是廉价香水基本都是化工品，其中某些成分具有腐蚀性，会令人出现呕吐、头晕、恶心的症状。如果长期置身于其中，还会诱发白血病。

同时，廉价香水是使用磷苯二甲酸酯来稳定香味的，这种化学物质还会导致男性生殖障碍。

而且，不是所有人都适合用香水的，某几类人，如果使用香水的话，很可能造成严重后果。

其次，皮肤敏感者慎用香水。

香水中含有酒精，而酒精会导致某些人出现皮肤过敏。所以对于皮肤敏感者，最好在购买香水前在手腕处涂抹，48小时后如果无过敏反应再选购。

同时，我们使用香水时也要注意：喷洒香水的地方一定不要是裸露在外的肌肤，否则经过阳光的照射后，香水中的不稳定成分会产生化学反应，导致皮肤出现红疹、发痒等情况。

最后，是有呼吸系统疾病的人不能用香水。

香水里有很强的挥发性物质，这些芳香物质与花香一样，都会让有呼吸系统疾病的人产生不适，轻则呼吸困难，重则痉挛。

特别注意：孕妇禁用香水。

想用香水遮盖体臭者，只能适得其反，越遮味道越难闻。

香水会在白色衣物上留下难看的黄渍，同时还会破坏珠宝、金属的光泽，用时要避开这些地方。

使用小窍门：正确的喷香水位置应该是手腕内侧。这会让喷香水者在举手投足间散发出淡淡的幽香，切记，香水宜淡不宜浓。

23.慎用花露水，会致皮肤过敏

在蚊虫骚扰的夏季，花露水成了很多人家里的必备之物。

晚上的时候，在床铺周围洒上一些花露水，只要一闻到那股熟悉的味道，好像睡觉也会安稳很多。

特别在以前，还没有驱蚊药的时候，花露水在某种程度上就相当于驱蚊药了。目前市场上，花露水的品种多了，种类也被细分化了，有驱蚊的、防痱的，有安神的，还有止痒的……

不过，无论品种有多少，花样怎么翻新，花露水的基本成分是不会变的，一定有：酒精、香精、蒸馏水等。

花露水为什么能防蚊虫？

花露水中有一种叫做“伊默宁”的成分，它可以催眠蚊虫，让蚊虫丧失叮咬人类的意识。但是，如果使用者患有皮炎等皮肤病，花露水中的“伊默宁”作用于这种皮肤上，很可能会导致皮肤过敏。

特别是很多人在夏天，为了防止被蚊虫叮咬，把花露水涂抹全身，或者在泡澡时，把花露水倒点到浴缸里。

殊不知，过犹不及，使用者如果有皮炎等皮肤病，皮肤过敏是肯定的。而就是那些没有皮肤病者，因为花露水中的主要成分是酒精，酒精在作用于皮肤上时，虽然随着蒸发带走皮肤上的热量，让人感觉到“清凉”，但如果涂抹得太多，就会使人体体表温度过高下降，导致人出现“冒冷汗”的不适症状。

同时，酒精也会导致皮肤干燥，出现瘙痒。而且如果在裸露的皮肤上涂抹了大量的花露水时，到户外一晒太阳，皮肤在酒精的作用下，不仅会过敏，还会导致皮炎、皮疹或晒斑。

使用时需注意：花露水中的酒精高达75%，所以花露水本身就是助燃剂，使用时一定要远离火源。

使用时，不要把花露水放在离火源近或有日照的地方。涂抹花露水后，也要尽量避免遇到明火。比如，刚抹了花露水，最好不要点蚊香、点烟，或在厨房里点火做饭。

禁忌：婴幼儿的皮肤比成人的娇嫩，所以在给儿童使用花露水时，最好使用儿童专用花露水。如果家里正好没有儿童专用花露水，也要把成人花露水稀释4—5倍后再用。

皮肤、酒精过敏者不宜使用花露水。

使用花露水的正确方法：在身体表面直接喷洒几滴，而不是大面积地在皮肤上涂；由于花露水中加入了麝香、薄荷等中药成分，尤其是能散发出芳香的麝香，对妊娠妇女有影响，为了防止怀孕女性流产，最好远离花露水。

总之，使用花露水时，记住下面这个顺口溜：

花露水，可驱蚊；

皮炎者，禁使用；

虽清凉，不滥用；

会助燃，远离火；

儿童用，要稀释。

24.含铅口红，你一年吃掉多少？

口红，带着性感色彩的口红是每个爱美女士的最爱。

据说，母猩猩发情时的阴唇是鲜红的，而雄猩猩也是在得到这种刺激和信号后，勇敢追求母猩猩的。

所以，一口性感的红唇，对男人无异也是有着很强的吸引力的。

不过，在让自己有着性感的嘴唇时，是否意识到，我们在不知不觉中，吃掉了很多口红，据说，一个经常涂唇膏的女性，其一生会“吃”掉1.8公斤的口红。

吃掉就吃掉了，可在了解了口红的成分后，我想，绝大多数女性会大吃一惊的。

口红的主要成分：羊毛脂、蓖麻油、蜜蜡、棕榈蜡、着色剂、香精、防腐剂。

如果对这些成分不了解，应该还是不会觉得它可怕，特别是羊毛脂之类的物质看起来像是源于自然，对人体构不成威胁。

真是这样吗？

羊毛脂，很多人看到这三个字，首先联想到的肯定是羊油。如果是羊油倒好了，因为羊油确实无害。但其实羊毛脂和羊油是完全不同的两种物质。

羊毛脂是从漂洗羊毛废液中提炼出来的，它相较羊油，更稳定，而且更容易着色，且成本低廉。

这也就是化妆品制造商选用它的主要原因。

羊毛脂具有很强的吸附能力，能从空气中吸收到很多尘埃，同时也会吸收嘴唇上的水分。因此，经常涂口红者，会感到嘴唇有各种不适：干裂、瘙痒、蜕皮、疼痛、灼烧感。

这也就是为什么经常涂口红的女士，她们嘴唇的干裂、蜕皮现象非常严重的原因了。

据一些资料介绍，常涂口红的女性中，有百分之三十的人，会得一种名为“口唇过敏症”的病，也就是俗称的“口红病”。罪魁祸首自然是口红。

当然，这种口红病，在停用口红后，慢慢也会得到痊愈的。

如果仅仅是易患“口红病”那倒也罢了，关键口红中还含有一些微乎其微的“神秘”物质，正是因为它们的存在，才让口红的颜色更艳丽、迷人。

这物质就是重金属。

市面上销售的绝大多数口红都含有重金属，只是因为碍于相关部门的质量检测，有些口红的含量较低而已。

这些重金属是：铋、镉、铅、钛等。我们知道，当这些含有重金属的口红被涂抹到唇上并被人食用后，就会被人体吸收，存在于身体的肝脏和肾脏中，损害健康，严重者会导致癌变。

由此可以说，美丽和性感也是有风险的。

当然，也不能因为这些就要谈"口红"色变。因为这些重金属的危害，都是建立在吃进去的基础上的。如果我们明确一点：无论多么昂贵的口红，也是不能食用的，口红也就没那么可怕了。

那有什么办法规避口红被"吃"进肚子呢?

（1）就餐前，一定要先擦掉口红。即使觉得很麻烦，也要这么做。吃完饭，再去卫生间补回来就行。麻烦总比对身体的危害好。

（2）喝饮料的时候，最好可以用吸管。

（3）卸妆时，嘴唇部分一定要专用卸妆产品。

（4）睡觉前，不要顶着口红睡觉。

（5）为了所爱人的健康，接吻前，也要先擦掉口红。

（6）嘴唇出现干裂、蜕皮等现象时，最好不要用口红，即使广告宣传得再好，说这款口红再滋养嘴唇，也不要相信。

（7）不要与他人共用口红，以免通过唾液等渠道传染疾病。

（8）口红虽然能为我们增色不少，但能少用就少用。

绝对禁止：孕妇禁用口红，因为口红中某些化学元素会造成胎儿畸形。

检测口红内含铅量是否过度的小窍门：先将口红涂抹在手背上，然后再用金戒指轻轻摩擦，戒指的颜色变得越黑，其含铅量就越高。

25.润唇膏不润唇，反而唇裂

润唇膏，顾名思义，就是滋润双唇的。与口红相比，润唇膏大多是无色无味的，给人的感觉比口红安全。

可真是这样吗？润唇膏真的能滋润双唇？

肯定地告诉你，并非如此。润唇膏如果使用不当，很可能会导致双唇干裂。

很多人应该都不愿意接受这个现实，因为润唇膏和口红不一样，口红基本都是女人在用，但润唇膏却是男人也在用的。

冬季到了，发现双唇干裂，我们首先会去选择一款润唇膏。而且觉得效果还不错，怎么又会说润唇膏不一定润唇呢？

我们先来看看润唇膏的成分：甘油。

甘油，应该说是保湿的好东西，不仅是润唇膏，我们平时所用的护手霜，甚至面霜里，很多都含有甘油。

但大家也许不知道，甘油是具有“两面性”的。它的浓度很有讲究，一旦浓度过高，不仅不会帮助皮肤保湿，反而“甘油”还会从皮肤上“榨取”一些水分。这也就是所谓的：滋润也甘油，干燥也甘油。

而且，我们的嘴唇和我们人一样，越不干活就越懒。它原本有分泌油脂的能力，如果我们经常给它涂抹润唇膏，嘴唇就会“偷懒”，并对润唇膏产生依赖性，渐渐丧失分泌油脂的能力。久而久之，就破坏了自身的屏障能力。

所以润唇膏，也是不宜经常、过量涂抹的，否则就会出现越涂越干燥的情况。

当然，不能多用，过量用，并不表示不能用。只要我们用时讲究方式方法，还是能起到很好的滋润嘴唇的作用的：

（1）秋冬季节，在我们外出时，涂抹一次润唇膏就行了。

（2）当嘴唇出现干裂时，先不要急着用润唇膏，先搞清楚，我们的嘴唇干裂到底是什么原因。很多嘴唇干裂者，是因为脾胃不和，缺乏维生素B_2造成的，所以如果只是一味抹润唇膏，很可能会延误病情。

如果是因为脾胃不和造成的嘴唇干裂，我们就要先调理饮食，以食用易消化的食物为主，如吃一些山楂；或含B_2的橘子、胡萝卜等。

（3）使用口红前，先用润唇膏打底，这样可以防止口红引起的嘴唇干燥，也可以让颜色更加润泽。

（4）在嘴唇已经出现干裂时，尽量选择那些香气不是很浓，也无着色效果的唇膏。

小窍门：可以用蜂蜜或橄榄油润唇，这样效果既好，而且无任何副作用。

26.指甲油对神经系统的损害不容忽视

当那些伸出纤纤玉手的女人，有着修剪漂亮、着色美丽的指甲时，一定会为这个女人增添一份妩媚。

这也是很多女性喜欢涂指甲油的原因。

虽然大家都知道，指甲油有一股难闻的气味，但为了美丽，依然会忍受这种气味。

难闻可以忍，但如果有毒呢？

指甲油是有毒的。

“有毒也没什么，是涂在指甲上的，又没吃在嘴里。”这是很多女性依然沉迷于指甲油中，而不感到危险的侥幸心理。

是呀，听起来有道理。它有毒又怎么样？指甲油是涂抹在指甲上的，它既不接触皮肤，不会引起过敏；也和口红不一样，不会被吃到嘴巴里。怕什么？

可不直接涂抹在皮肤上，没有吃到嘴巴里，就一定安全了吗？

不尽然吧！

我们还是按老规矩，先来看看指甲油的主要成分：

丙酮、乙酸乙酯、邻苯二甲酸酯、甲醛等。

看了这些成分，有一点点常识的人都知道，这些物质都属于有毒物质。

指甲油实际上就是给指甲涂层漆。漆有没有危害，大家应该都知道。

指甲油中的邻苯二甲酸酯，它还会造成生殖系统的疾病；而甲醛和苯则是高危致癌物质；丙酮和乙酸乙酯均属于危险化学品，它易燃易爆，极易挥发。挥发后的气体在被人体吸收后，是会破坏神经系统的。

这也就是一些正规牌子的指甲油，为什么会在说明书上标明："在通风环境中涂抹指甲油，否则会引起头晕"了。

指甲油有剧毒，而且这种剧毒特别易挥发。如果吸入我们的鼻腔，是会损害我们身体健康的。

看了以上这些，您还是不觉得危险吗?

有些美女又说了，虽然知道危险，可也抵制不了美丽的诱惑，要怎么做才好呢?

下面介绍几种正确使用的方法：

（1）涂抹指甲油时，应在通风环境中涂抹。

（2）染了指甲油的手，最好不要用手直接拿油脂类的食物来吃，否则油脂会溶解指甲油里的有害物质，然后被我们吃进肚子，损害身体健康。

（3）想洗掉指甲油的时候所用的指甲水，俗称香蕉水，它的主要成分是丙酮，也属有毒、易挥发成分，使用时也要在通风环境中。

（4）当身体出现疾病的时候，如感冒、发烧等，不宜涂抹指甲油。因为在身体最弱的时候，有毒物质最易侵入我们的身体，造成身体的多重伤害。

注意：指甲油中所含的有机溶剂会破坏健康的指甲，所以染过的指甲，指甲通常会变薄，变得脆弱。所以，染指甲频率不宜过高，一个月最多一次。

禁忌：千万不要给儿童涂抹指甲油，儿童免疫力低，受到毒物污染后后果更为严重。

为了宝宝的健康，孕妇绝对要禁止涂指甲油。

总而言之，但凡颜色鲜艳，气味有异的化妆品，都是有毒的。漂亮有风险，用时需谨慎。

27.激素类药膏可致皮肤病

每到冬末春初，气候干燥多风，空气中到处都播散着花粉，我们的皮肤也会变得干燥、脱屑、敏感、瘙痒。

遇到这种情况，一般都会怎么做呢？

轻一点的，应该是涂抹一些能保持水分的润肤霜之类，如果严重了，很多人还会选择使用药膏。哪里痒了，就用药物软膏来对付。

不仅是身上的皮肤，就是脸上也是这样。涂抹药膏，真的有效吗？

答案是，如果使用不当，不对症，不仅不会起作用，很可能会让我们得上严重皮肤病，特别是长期使用一些激素类药膏的话，极易让皮肤变薄，出现血管扩张、色素沉着等副作用。

我们先来了解一下激素性药膏。

含有肾上腺皮质激素的各种软膏统称为激素药膏。如氢化可的松药膏、氟轻松、曲安西龙、肤疾宁、地塞米松等。

这些药膏由于疗效明显，而且价格低廉，深受大家的认可，使用也很频繁。

不过，大家在使用的时候不知道，并不是谁都可以用这些软膏的，很多皮肤性疾病并不适合应用激素类软膏。

如果不注意随便使用，很可能成为皮肤的杀手。

因为激素类药膏只能消炎、不能抗菌。如果单独应用此类药物，虽然可以暂时让患者症状缓解，但由于抑制了免疫作用，往往会造成细菌繁殖，导致二重感染，甚至会诱发新的皮肤疾病。如果长期使用的话，很可能产生依赖，一旦停药就会引起反弹，使皮肤病的病情加重。

下面介绍不宜使用激素类软膏的皮肤病，以及激素软膏对部分病症的危害：

痤疮：如果使用了激素类软膏，势必会使皮脂分泌过多，毛囊口角化异常。而且不具有抑菌作用。不仅无法根治痤疮，而且很可能使痤疮加重。

水痘、皮疹水痘、皮疹：这些病毒感染性皮肤病如果使用激素类外用药，很容易使病灶感染扩散，加重皮肤的损害，严重的还会导致全身感染。

体癣、手癣、股癣：这些都属于体癣类皮肤病，是由真菌感染引起的，如果使用激素类药膏治疗，最初使用时，很可能有一定的止痒消炎作用。但几天后就会发现，不仅原有的皮疹没有消退，反而瘙痒更加严重。

这是因为，激素类药对真菌不但没有杀灭或抑制作用，而且还会“助纣为虐”，促进真菌的生长和繁殖，使病情加剧。

全身性皮炎、湿疹、银屑病：患有这几种皮肤疾病的患者，如果长期大面积涂抹激素类药膏，就会形成依赖，使原本的病变表皮受损。由于局部血管扩张充血，使药物的吸收过量，导致出现全身性的副作用，诱发高血压、糖尿病骨质疏松等病症，促使机体抵抗力下降。

寄生虫性皮肤病毛囊虫性皮炎、疥疮等寄生虫性皮肤病：这几种病症如果使用了激素类药膏，虽然能暂时减轻病症，但却不能杀灭致病虫体，更严重的是会增加虫体活动性，使病情加重，严重者产生并发化脓性感染。

提醒：除了以上几种皮肤病不宜使用激素类药膏外，妇女也不宜长期使用。

如若长期使用，对健康美容是有很大损害的。比如说，如果经常用于面部，会使皮肤抵抗力下降，造成尘螨在毛囊中生长繁殖,. 发生毛囊炎、酒糟鼻样皮疹等。

试想想，一张美貌如花的脸，如果长着酒糟鼻，会是什么样子呢？所以还是远离激素性药膏吧！

28.洗衣粉既伤衣又伤肤

如果说洗衣粉有毒，十个人里面估计有九个人相信。因为洗衣粉的包装上说明了“请勿用于清洗碗盘、蔬菜、水果及食物”。

如果说洗衣粉伤害皮肤，十个人中可能也会有五个人有切身体会。因为手洗衣服用洗衣粉的话，往往洗完后手上的皮肤会觉得不适。

但如果说，洗衣粉会损伤衣物，可能就没几个人相信了。而如果再说洗衣粉会损害我们的身体健康，可能更会有人为洗衣粉抱屈：“我用洗衣粉几十年了，我身体健康得很！”

事实胜于雄辩，老规矩，我们先来看看洗衣粉的成分：

烷基苯磺酸钠、荧光增白剂、碳酸钠、硅酸钠、蛋白酶、脂肪酶、漂白剂、漂白促进剂、纯碱、色素、香精、防腐剂等。

烷基苯磺酸钠：作为一种有效的表面活性剂，它是所有洗衣粉中最重要的组成成分。但是，如果使用洗衣粉后，不把洗衣粉漂洗干净，有残留的苯遗留在衣服上的话，当我们穿上衣服的时候，这种“苯”就会刺激皮肤，导致瘙痒。最后被皮肤吸收，进入身体的话，时间久了，会使人致癌的。

荧光增白剂：这种成分的存在，会导致皮肤受到刺激，甚至会导致细胞畸变、致癌。

碳酸钠、硅酸钠：属于无磷助洗剂。我们都知道含磷的洗衣粉不仅致癌，还会影响环境。但无磷的助洗剂则会导致沉淀，使衣物很容易结块。这也就是为什么洗衣粉洗出来的衣服容易变“硬”的原因之一。由于这种成分的存在，久而久之，会使衣物发黄、易损。

纯碱：它的存在是为了中和衣物上呈酸性的污渍。但与此同时，如果漂洗不干净，则会残留在衣物上破坏人体的表皮细胞，引起各种皮肤问题。

了解了洗衣粉的这些成分及其危害后，我们肯定也就知道了正确使用洗衣粉的要点：残留很可怕，漂洗要干净！

通常在使用洗衣粉的过程中，还会有以下几种常见错误观点：

1）洗衣粉用量多少与洗净程度成正比

这观点绝对是错的！洗衣粉的浓度在2%—5%的时候，清洁能力是最好的。当超过这个浓度的时候，反而会让洁净程度下降。一般来说，一盆清水中加入一茶匙的洗衣粉量就足矣，否则既浪费又洗不干净还费水，得不偿失。

2）水温高＋洗衣粉＝干净

这也是一种错误的观点！洗衣粉中的活性酶成分，一旦遇到高温后就失去了效果，降低了洁净程度。一般来说，30—40℃时的水温，效果最佳。

3）洗衣粉＝百洁粉

这也不对！洗衣粉最好只用于清洗衣物、纺织品。因为这样，通过清水漂洗可以减少残留的危害。如果什么都用洗衣粉，那只能增加其中的有害物质被人体吸收，对身体没好处。

4）洗衣粉＋消毒液＝万无一失

看似这种搭配很好，实际上也是错的！洗衣粉与消毒液中的成分是会产生化学反应的，这不仅不会增加其清洁能力，反而会带来更大的安全隐患。

5）手洗衣物也用洗衣粉

当然也不对！洗衣粉与双手皮肤直接接触，会导致皮肤过敏。如果是手洗的内衣裤，还是最好使用肥皂安全一点。

小知识：

常见的洗衣用品通常有三种：洗衣粉、洗衣液、肥皂。

根据这三种洗衣用品的碱性强弱排列，顺序应为：洗衣粉＞肥皂≥洗衣液。

三种产品的清洁能力由强到弱分别为：洗衣粉＞洗衣液＞肥皂。

因此，我们在用洗衣用品的时候，最好不同的衣物选择不同的洗衣产品。

比如说，比较脏的衣物，像窗帘、沙发布等，使用洗衣粉就能达到最佳的清洁效果；一些不太脏的衣物、棉麻丝质品，则用洗衣液会比较好；对于一些内衣内裤、贴身衣物、婴幼儿的尿布衣物等，则最好使用肥皂，它里面的有害成分少，会减少对皮肤的刺激和伤害。

29.腹泻，很可能是洗洁精没洗干净

有些朋友肯定会遇到这种情况：每次回家吃饭，都会拉肚子。但要是出去和大家吃饭，反而没事。照理说，家里的饭菜肯定比外面的干净多了，可为什么还会拉肚子呢？

遇到这种情况的朋友，可以仔细观察一下家里的厨具。怎么观察呢？就是拿清洗干净的碗往里面倒杯开水。你很快就会发现，碗里的白开水上，竟然浮着几个小泡沫。将碗对着光的话，还能反射出一些像彩虹一样的东西。

有点像我们小时候玩的吹泡泡。

这又是什么原因呢？

很简单，这是因为碗是用洗洁精洗过的，而且最后没有把洗洁精完全冲洗干净，所以才会有“泡泡”，用这种碗吃饭后才会拉肚子。

一般情况下，我们在遇到拉肚子的情况时，首先怀疑的是我们吃的食物是不是不干净？但却忘了去检查我们的碗筷，是否是因为洗洁精造成的。

有些家庭，为了让厨具干净，拼命使用洗洁精，谁料事与愿违。

腹泻大多数时候是我们人体对于外来异物的排斥现象，是一种自我保护机制。所以洗洁精引起的腹泻并不恐怖，恐怖的是洗洁精中还有些化学物质，我们会在不知不觉中吸收，吐不出，也拉不出来。日积月累，最后会让我们一病不起。

洗洁精的危害，在日常生活中，在我们不戴手套使用的时候，都会感受到。比如说，刚刚洗完碗，双手会觉得干燥，必须涂上一些护手霜才会得以缓解。

有人问了，那有没有“不伤手”的洗洁精呢?

也许市场上有标着“不伤手”的洗洁精，但真实情况却是令人失望的。因为没有任何洗洁精会真正做到“不伤手”。

有资料显示，洗洁精一类的化学洗剂中的有害成分会渗透皮肤，进入我们的体内，尤其当皮肤有破损的时候，这种侵害性会达10倍以上。

有害成分往往很难被人体自然代谢出去。1年、2年，10年也许不会形成危害，但20年、30年、40年后，量变的积累会达到质变，也就一发不可收拾了。

为了减少这种伤害，在洗碗使用洗洁精时，我们一定要做到以下几点：

1）带上橡胶手套

如果是平常洗碗，我们可以用普通的塑胶手套。但戴塑胶手套洗完后，手上会有一股很重的塑胶味。

推荐：市面上有一种手套，里面是棉的。如果使用该种手套洗碗，既可以保护双手，又不会留下一股难闻的塑胶味，是最保险的一种护手用品。

2）减少洗洁精的用量

在我们洗碗盘时，可以先在洗碗布上滴一滴洗洁精，然后再用洗碗布擦拭一遍碗盘。最后再冲洗一遍，这样既可以节省洗洁精，又能把碗盘清洗干净，并且还不会残留洗洁精，非常不错。

3）用流水冲洗

用洗洁精千万别怕浪费水，而且必须用流水冲洗。很多家庭，特别是老人在用洗洁精洗碗时，为了节约水，对碗盘的冲洗不是很到位，让碗盘中残留了一些洗洁精，危害到了我们的身体。

同时，在下一次用碗盘时，还要再用流水冲洗一遍，这样才可以将有害残留物的伤害降到最低。

4）用清洁精洗蔬果，浸泡时间不宜过长

因为怕蔬果中会有残留农药，用清水或盐水又无法清洗干净，所以很多家庭会用清洁精清洗蔬果。用洗洁精清洗蔬果没错，但在清洗时，一定要注意，浸泡的时间不能太长，最好不要超过15分钟，而且一定要反复冲洗才能达到彻底清洗干净。

需要注意的是，洗洁精与其他清洁产品不宜混合使用，否则会产生氯气等有害挥发性物质。

其实，如无必要，能不用洗洁精的，如碗盘上油腻成分比较少，就直接使用热水冲洗好了，这样更为洁净、安全。

30.油污净能导致头晕、呕吐吗？

现在很多美女不喜欢做饭，与其说不喜欢做饭，倒不如说不喜欢进厨房，因为厨房的油烟味令她们受不了。

当然，更受不了的还是那抽烟机、灶台、墙壁上的厚重油垢。

想一想，都让人头晕、恶心。

怎么办?

“主妇们的福音来了，喷一喷，擦一擦，抹一抹，再多的油垢都扫光光，就能还你一个洁净如崭新的厨房。”

是不是常在电视上听到、看到这样的广告？

可真有那么方便，那么轻松吗？

非也，很多主妇抱怨，每次用完油污净清洁厨房后，都会感到特别疲惫，而且有胸闷、头晕、恶心的症状。

油污让人头晕，油污净怎么也会让人头晕呢?

原来，油污净之所以具有较强的清理油污能力，是因为其中的强碱性配方。

有些碱性物质虽然只要你不直接食用就不会有危害，但它里面所发出香气的物质却是芳香烃体类化合物，这种化合物大多是有毒的。虽然国家明令禁止，但一些小厂家仍在使用。

这种有毒的气体极易挥发，在使用油污净的时候，如果稍不注意，就会让除污工作变得“惊险无比”，对身体的伤害很大。特别是对一些过敏体质的人，危害也就更大了。

所以在使用油污净的时候，一定要注意以下几点：

（1）使用油污净，请务必戴上质量过硬的橡胶手套。试想一下，油污净能去除油垢，那么我们娇嫩的双手，如果不戴上防护用品的话，又会有什么后果呢？想想都可怕。

（2）一定要在通风情况下使用。使用油污净时，千万不要在狭小的不透气空间使用。否则那些有害的挥发性物质就会刺激我们的眼睛，然后通过鼻腔进入身体，最后破坏我们的神经系统，让我们头晕目眩。所以最好在戴了手套的同时，也能戴上口罩，全副武装，这样就比较安全了。

（3）喷上后，让油污净多停些时间再去擦拭。刚喷上油污净的地方，需要时间让油污净与油污进行充分的反应。在通常情况下，一般让油污净在上面停留10分钟左右，然后再进行擦拭比较好。

（4）认真看说明书，按照说明书来操作。不同的油污净有着不同的作用，如粉末状的油污净一般不适合用于擦拭金属表面的器具等。如果因为偷懒而不看说明书，不管三七二十一，只要是油污净就用，很可能让一次清洗变成损害，那就得不偿失了。

（5）使用时，一定要规避电源、明火。一般来说，这种化学清洁产品都属易燃易爆品，所以存放的地方应该在避光处。同时，使用油污净的时候，不要近距离接触电源，否则会导致漏电等状况的发生。

（6）最后的清理工作别忘了！我们已经知道了油污净含有很多的有害物质。那么在我们每次使用完后，一定不要怕麻烦，最好用抹布再清理一遍，以减少危害。

（7）大清理不如小清理。每年清理一次厨房，工程浩大，而且太累。最好的办法就是，每隔两周左右，可以在有污渍的地方使用少量的油污净，做简单清理。这样一来，在大处理时，污渍也就很容易被清理干净了，除污工作也就变得轻松起来。

去除油污小窍门：

地面上的油污。在拖把上倒一点醋来擦，就可以除掉地面上的油污了。如果水泥地面上的油污很难去除，可以在头天晚上弄点干草木灰，然后用水调成糊状，再用清水反复冲洗，水泥地面也便能焕然一新了。

灶具沾上油污。可以用黏稠的米汤涂在灶具上。然后等米汤结痂干燥后，再用铁片轻刮，油污就会随着米汤结痂一起被除去。比如，用较稀的米汤、面汤直接清洗，或用乌鱼骨清洗，效果都很不错。

玻璃油污。可用碱性去污粉擦拭，然后再用氢氧化钠或稀氨水溶液涂在玻璃上，等到半小时后再用布来擦洗。很快，玻璃就会变得光洁明亮了。

纱窗油污。可以先用笤帚扫去表面的粉尘，然后再用15克清洁精加水500毫升进行搅拌，均匀后再用抹布在纱窗的两面抹擦，即可除去油腻。或者在洗衣粉溶液中加入少量牛奶，这样洗出的纱窗会和新的一样。

家具油污。在清水中加入适量的醋，然后擦拭即可去除油污。或用漂白粉溶液浸泡一会儿再擦，去污效果也会很不错。

31.用洗手液，让手越洗越干

我们在洗手的时候，如果面前放了一块香皂和一瓶洗手液，大多数人首先选的都是洗手液。因为总觉得香皂洗手，手会越洗越干，而洗手液就好多了，甚至感觉能润肤。

这既是我们对洗手液的感观印象，也是因为受到很多洗手液广告的影响。

洗手液真的既能起到清洁作用，又能起到润肤作用吗?

让我们先来看看，洗手液的主要成分是什么吧。

乙醇、对氨基苯甲酸、异丙醇。

而且这些就是酒精的各种别称。

就是说，洗手液的主要成分其实就是酒精?

没错，洗手液就是通过酒精的作用来杀菌，辅助成分无非是一些表面活性剂、香精、色素等，所谓的滋养成分，微乎其微，只是宣传的噱头。

打个比方，如果一款洗手液的酒精成分不足60%，它的杀菌作用就几乎为零。

当我们用这样的洗手液洗完手后，好好看看手就会发现，手不仅不能滋润，反而会非常干燥。

为什么会这样呢？就是因为洗手液里含有酒精的原因。

再仔细观察一下就会发现，当我们的双手因为做饭而沾满油渍的时候，用洗手液的效果远不如用肥皂给力。

由此可见，洗手液主要起除菌作用，但除污能力有限，所以手上才有污垢。尤其是有油渍和血渍的时候，用肥皂效果会更好。

我们由此总结出：用肥皂除污好，用洗手液除菌好。

当然，这个结论的前提是洗手液是正规厂家生产的合格产品。

听了上面的分析，是不是对洗手液的印象大打折口？觉得它没多大优势?其实也不是。洗手液也是有优势的，如它采用的是按压式，出口的洗手液避免了肥皂被反复使用造成的交叉感染。

所以通常在公共场合，我们用洗手液洗手还是好一些；但在家庭中，洗手液与肥皂是可以混搭使用的。比如，在卫生间里使用洗手液，在厨房用肥皂等。

我们说的是洗手液，那就教大家一些使用洗手液的小技巧吧：

（1）每次用一滴足矣。不要觉得用量越多越好，用一滴，然后双手反复搓洗，最后要用流水冲洗15秒以上，这样就能彻底清洁。如果用了大量的洗手液，不仅不会增加清洁能力，反而会浪费水，更会损害我们的皮肤。

（2）用完洗手液后，千万别忘记涂抹护手霜。

（3）在公厕洗完手后，能用纸擦干双手的，就不要用烘干机。因为用洗手液清洁后手后，双手本来就干燥。如果再次烘干，后果可想而知。

（4）不知道大家注意到没有，洗手液通常分两种：一种为“准字号”，是家庭日常使用的；另一种是“消字号”，这种洗手液具有很强的消毒能力。

（5）有种免洗洗手液，这属于不得已而用的。一般最好不要用，否则那些水洗不掉的残留物质肯定会危害健康的。

32.洁厕灵使用不当会中毒，知道吗？

经常搞卫生间清洁工作的人肯定知道，有两样东西绝对少不了。

一个是洁厕灵。它负责把马桶、便器上的各种污垢清洁干净。另一个就是84消毒液。能把所有的细菌、病毒都杀到片甲不留。

对于这两种东西，稍有化学常识的人都会知道，但凡能强力去污的东西，不是强酸就是强碱。

这两样东西，正是一个强酸，一个强碱。

可是大家肯定不知道，这两样东西如果分开使用，它们可以给卫生间带来清洁，可如果将两者强强联手，后果会很恐怖的。

因为强酸与强碱，在去除污垢的同时，也具有极强的腐蚀性，而且二者相遇，洁厕灵中的强酸（盐酸）遇到了84消毒液中的强碱（次氯酸钠），经过一阵化学反应后，肯定会产生氯气！

氯气是一种有毒气体，它通过呼吸道进入人体后，会破坏呼吸道黏膜组织，导致呼吸困难，症状严重时还会发生肺气肿，致人死亡。

所以说，使用洁厕灵时，最好跟84消毒液分开。比如说，早上用洁厕灵清洁马桶，等到下午了，再用84消毒液进行消毒工作。这样，就避免了危险的发生。

那是不是只要不混合使用，就是安全的呢？

也不一定。

现在我们来单独说说洁厕灵。洁厕灵既然是强酸，那么使用的时候也是要格外小心：

（1）手套肯定是必不可少的，就算我们会使用马桶刷，也是要当心的。千万不要让洁厕灵的液体溅到身体的任何裸露皮肤上，眼睛尤为重要。所以用洁厕灵的时候，最好可以戴上眼镜。

（2）如果家中是抽水马桶，我们推荐使用块状洁厕灵。这样可以放置在水箱里，随水清洁马桶，以避免洁厕灵喷洒时带来的危险；如果是蹲式便器，则每次使用的量要少，将洁厕灵喷在需要清洁的地方后，静置10分钟左右，再做清洁。

（3）在使用液体洁厕灵时，一定要通风。比如，打开门窗，或是打开厕所的排气扇等。

注意：不要把洁厕灵用在马桶以外的地方，如地面，墙壁，否则会造成腐蚀性伤害。除了84消毒液，洁厕灵最好也不与其他清洁产品混用。

33.助长病菌肆虐的很可能是消毒水

一些生活常识告诉我们，在我们患了轻微的感冒与发烧时，都是不能轻易下“猛药”去消炎的，因为消炎药的主要成分是抗生素。滥用抗生素的后果就是：病菌会产生耐药性，而且还会伤及我们的肾和肝。

不过，在现实生活中，却有不少“洁癖”者，他们喜欢用消毒水来给家庭做消毒工作。他们认为，当杀死了细菌、病菌，我们的生活质量也就提高了，全家人的身体健康也就高枕无忧了。

真是这样吗？

人与自然，与细菌（包括病菌），都是以一种和谐的关系存在。我们举个简单的例子，如果我们人体内没有细菌，那我们吃下去的食物就无法被完全分解代谢。

所以说，人体对抗外界病菌的最佳途径，不是待在无菌真空的环境中，而是依靠我们的免疫力。

过度滥用消毒产品，既会降低我们自身的免疫力，也会让有害病菌产生耐药性，助长病菌肆虐。

当然，更重要的是，消毒产品也是化工产品，它的腐蚀性特别强，残留的有害物质如果被我们吸收了，就会消毒杀菌不成反而伤害我们的身体。

所以，如果家中没有传染病患者或传染病患者造访，就不需要用消毒水。

如需使用，也是需要注意以下事项的：

（1）仔细阅读消毒水的使用说明书。不同的消毒水其作用范围不一样，不能随便乱用。

（2）稀释消毒水的时候，宁可低，不可高。比如，84消毒水需要稀释200倍左右才能使用。如果不稀释直接用，很可能原本带颜色的衣服，马上就变成了白色。而且很可能过了几天后，就变成了破洞，其腐蚀性可见一斑。

（3）洗衣粉、洗衣液与消毒水不可混用。虽然市面上很多洗衣消毒水，但是正确的使用方法绝不是把洗衣粉与消毒液混合。而是最好等衣服漂洗干净后，在溶解稀释好的消毒水中浸泡几分钟。

谨记：消毒水与其他清洁产品不可混用；餐具消毒，最好不用消毒水，而是在沸水中煮15—20分钟；内衣内裤的杀菌也最好不用消毒水，而是在阳光下曝晒，用紫外线杀菌；居家除菌，最好的方式不是使用消毒水，而是通风透气，做好除尘工作；洗衣机、微波炉、空调、冰箱等除菌工作，最好用专业的消毒水，而且消毒工作结束后，要晾干后再使用。否则某些消毒水具有强烈的腐蚀性，会损害家电。

34.一盘蚊香燃尽等于吸了6包烟

蚊香是传统的驱蚊产品。之所以叫“驱蚊”而不是“杀蚊”，就是说，通过燃烧后释放的气体能够驱赶蚊虫，而不是吸引蚊虫后把它们熏死。

所以在使用蚊香时，最重要的环节就是要开窗、通风、透气，让空气流通。否则，在空气不流通的时候，我们不仅驱赶不了蚊虫，而且还很可能把我们自己熏晕。

可实际生活中恰恰相反，很多人点着蚊香后，反而会把门窗紧闭，好像生怕浪费了蚊香，烟味从门窗里逃走了。

制作蚊香的最主要成分是：除虫菊酯杀虫剂、多环芳香烃、甲醛、乙醛、苯……这些物质基本都属于致癌物。

蚊香在点燃后，就是靠这些物质在燃烧时释放出来的超细微颗粒来驱赶蚊虫的。

有人曾计算过，一盘蚊香点燃后所释放出的超细微颗粒，和烧6包烟燃烧释放出的烟雾相差无几。

所以说，当这些蚊香的烟雾被人体吸收后，就会导致咳嗽、胸闷、头晕、恶心等症状，甚至还会引发哮喘。

也就是说，如果不正确使用蚊香，一个晚上，很可能就在被动吸6包烟！

所以在使用蚊香时，一定要注意以下几个方面：

一晚上，最多使用一盘蚊香，否则对人体的危害很大。

使用蚊香时，一定要开窗开门透气，别把自己当成蚊子闷着熏着。

蚊香点燃后，最好能放在通风的地方。

拿过蚊香的手，在拿其他东西前一定要先清洗干净。特别不能拿过蚊香又拿食物。

有哮喘等呼吸道疾病的人、过敏体质的人，一定要慎用蚊香。

点燃的蚊香不要直接对着人体燃烧。一般情况下，距离人体在1米以上才相对安全，

尤其要注意远离头部呼吸道，否则就是在吸二手烟。

另外，再介绍一些可以自然防蚊虫的方法：

夏天勤洗澡。因为蚊虫喜欢叮咬汗腺发达的人，所以保持身体清爽，就能减少被蚊虫“盯”上的概率。

穿浅色的衣物。蚊虫具有喜暗性，所以穿着白色衣服睡觉，可以起到一定的防蚊虫效果。

想防蚊，不喝酒，少吃辛辣刺激食物或热性的肉类。因为酒精、肉类等物质会随着汗腺排泄出来，“气味”比较大，更容易招蚊子。

温情提示：儿童、体弱者，最好不要用蚊香。因为蚊香里含有很多致癌的物质，成年人的免疫系统比较好，但对儿童来说，用了会造成不可逆的伤害。所以最好给他们使用蚊帐等工具防蚊，减少化学品污染带来的危害。

35.灭害灵灭的不仅仅是虫

房间里如果有什么最让你害怕?

老鼠、蟑螂、苍蝇、蚊子、蜘蛛、蚂蚁……单是听到这些名字，是不是已经有些头皮发麻了?

当我们正蹲在马桶上，脚下却爬出了几只蟑螂；当我们刚睡下，又被嗡嗡作响的蚊子惊醒；当我们看到雪白的墙壁上，竟然爬着一只蜘蛛；当我们看到厨房里，有个苍蝇趴在食物上时……

我们的第一反应是什么？肯定是吓得哇哇大叫吧!

其实，看起来害怕倒是次要的，最关键是这些东西会传播疾病。

于是，市面上很多灭“害虫”的药剂层出不穷。我们听得最多、见得最多、用得最多的，应该也是灭害灵吧!

听听“灭害灵”，多起劲的名字。

而且它还有个更专业的名字——杀虫喷雾剂!

好像当我们一罐喷雾剂在手的时候，我们就可以安心地大唱：“看见蟑螂，我不怕不怕啦，不怕不怕啦……”

实际上，先别高兴得太早，因为杀虫喷雾剂本身就是个“定时炸弹”——高于50℃时，会爆炸!

我们先来看看杀虫喷雾剂的使用原理。

它之所以能轻轻一按，就喷出液体，都源于一个叫二氧化碳的推进剂。它能将各种杀虫成分以及各种辅料“压缩”在瓶中里。

如果瓶子的质量不过关，而且我们在使用时方式不正确，或者放置的位置不对，那么，这个隐藏着的“炸弹”，很可能会跑出来作恶。

当然，如果说“爆炸”是杀虫喷雾剂最极端的危害的话，那么，它潜在的危害一样会随着时间的推移，日积月累，损害我们和家人的健康，尤其是儿童。

有关研究显示，滥用杀虫剂，有可能会导致儿童白血病。

虽然每一种市面上销售的杀虫喷雾剂，都表明了“低毒”，但并不代表它们就无毒。而且“无毒”的前提就是正确使用：

（1）杀虫剂中的有效成分，是三氯杀虫酯和氰戊菊酯。它们都是剧毒物质。在喷洒前，一定要记得远离食物，也要避开对皮肤的接触。

（2）使用时，对准害虫喷2—3下就行了。如果家中的这些“害虫”并不多，而且家里还有孕妇和小孩的话，那最好不要使用杀虫喷雾剂，而是用更安全的方法。

（3）如果在室内用这些杀虫剂，最好是在一些卫生死角内喷洒，这样可以起到预防虫害的作用。不过，在喷洒结束后，最好先离开充满杀虫剂的环境，在通风20分钟以后，再进入房间。

特别提醒：选择正规厂家的产品，放置在低温避光的位置，过期产品不要使用，远离儿童。

另外，预防害虫的最好方法，其实是做好家中卫生，保持整洁的环境。

比如说，我们要经常将卫生间里的油腻死角打扫干净，这样蟑螂就会很少光顾；对于住在一楼的人来说，如果随时注意地面上不要留有食物残渣，也就不会有蚂蚁上门了；在我们安装纱窗时，如果注意一下，也能防止蚊蝇飞入。

总之，杀虫喷雾剂，虽然是杀虫利器，但对我们人类的身体，也很可能是伤害利器，千万不能大意。能不用就不用。

36.灭蚊药其实就是农药

夏天的时候，我们最怕的就是蚊子，为了不让蚊子骚扰到我们，我们会点蚊香，可蚊香燃烧后有浓浓的烟雾， 不仅会让蚊子晕，也会让我们晕，有时熏得眼睛都睁不开。更可怕的是，它还有明火，晚上点着确实让人不放心。

慢慢地，电蚊香取代了点的蚊香，无烟无火，还带着淡淡清香。好像能让我们睡个安稳觉了，但却不一定安全。

不信拿起电蚊香片的外包装纸盒，上面清清楚楚地写着："农药登记证号"和"微毒"字样。

"农药"、"微毒"，这还能让人放心吗?

可有了这些提醒的字还好，如果包装上连这些字都没有，那很可能是不合格产品，就更危险了。

蚊香片属于农药，我们夏天每天晚上等于在农药的挥发中睡觉，在和蚊子一起中毒。想想看，这对身体该有多大危害啊?

那是不是电蚊香就不能用了呢?也不尽然，以下把市面上的驱蚊产品做个汇总，分别对每个产品做个介绍，供大家在购买时选择。

蚊香、蚊香片、蚊香液。它们的原理都是通过加热或燃烧除虫菊酯类化学成分。

以下介绍几种灭蚊产品，并对它们的优缺点予以具体分析，以便大家购买时根据情况选择合适的。

蚊香：它的优点肯定是便宜，但缺点是烟雾特别大，而且有明火隐患，但效果不错，而且便宜。

蚊香片：优点是无烟，使用方便。缺点是能够释放导致呼吸系统过敏的物质，且有致癌风险，价格中等。

蚊香液：优点也是无烟，而且无须天天更换，但缺点是液体有倾倒漏出的危险。和蚊香片一样，它也会释放导致呼吸系统过敏的物质，且有致癌风险。价格比蚊香片稍高一点。

驱蚊贴：它属于天然防蚊植物萃取液，优点是美观便捷，但直接接触，皮肤很容易过敏。

驱蚊器：它属于声波驱蚊。优点，无烟无化学污染，但缺点是容易让人产生烦躁情绪，效果好像也不怎么样，而且价格颇高。

植物驱蚊：它是通过植物散发出的天然气味驱赶蚊子，虽然属于纯天然，也无公害，但效果却不佳。

从以上几种来看，市面上还没有一款驱蚊效果得到公认，且完全无毒害的驱蚊产品。电热蚊香片，相比较蚊香少烟雾，比液体蚊香少溶剂添加，是目前驱蚊效果最佳的选择。

当然，也不要被蚊香片上的“农药”所吓倒，我们要辩证地认识这些驱蚊产品。

农药对人体有害毋庸置疑，但是正确地使用还是可以减少其伤害的。总不能为了不受化工产品的荼毒，就受蚊虫的伤害吧。

使用蚊香片的小窍门：大约每天晚上7点左右，就是蚊虫最活跃的时间。所以在这时使用电蚊香效果最好。经过2小时缓慢的加热，蚊香片的驱蚊效果也才能达到最大化。

注意：

（1）不要把电蚊香放在床头。如果放在床头，就相当于我们和蚊虫一样在享用“毒烟”。这样的话，很可能会大量吸入有害物质。这就是在和蚊虫同归于尽嘛！

正确的放置位置应该是在距离床位3—5米的地方。而且要做好通风准备，不要在狭小密闭的空间使用电蚊香。

（2）通常，蚊香片每使用4—6小时，效果就会降低。不要反复使用，而应该每天更换。

（3）知道了蚊香片中含有杀虫剂、农药，肯定也就不能在拿了蚊香片后不洗手，直接拿东西吃了。

（4）每天早上起床的第一件事，就是要记得拔掉蚊香器。这样就可以延长电蚊香器的使用寿命。一般而言，一个蚊香器使用两年左右就该更换了。

温馨提醒：家中有孕妇或幼儿时，最好不用各种杀虫剂，包括蚊香片，因为其中所含的各种化学品的危害还有待进一步观察。可以考虑使用蚊帐等传统物理的驱蚊方式。

37.别被电蚊拍"咬"着

前段时间，热播电视连续剧《男人帮》中有这样一个场景：孙红雷饰演的顾小白把黄磊饰演的罗书全五花大绑在椅子上，用电蚊拍对其进行"电刑"……

当然，这个"电刑"的结果也没出什么不良后果。

不过，我们在生活中千万不能去模仿，因为模仿的结果，说不定不会像"罗书全"一样毫发无损。

因为电蚊拍即使带的电量再少，也是带"电"的。任何带"电"的东西，都是不能随便拿来玩的。

有人说了，这怕什么呀，电蚊拍的电量这么小，才不怕呢。

是的，电蚊拍的电量确实小，它的工作原理就是产生小于10毫安的电流量。在对人体无害的情况下，将蚊子灭掉。

然而，这种无害是建立在安全使用、正确使用，以及产品质量很好的基础上的。

因为我们在使用过程中，很可能因为错误使用，抑或是买到了劣质电蚊拍，使电蚊拍漏电伤人。

曾看过这样的新闻报道，有人用毛巾擦拭电蚊拍，却被"电"得跳了起来；有小孩子不小心，触碰到了电蚊拍的电网上，"电"得哇哇大哭。

电蚊拍作为一种除蚊虫的工具，它确实简单实用，而且又无化学污染，也是灭蚊利器。但如果贪图便宜，买了一些不合格产品，就算不会要我们的命，但偶尔也会"电"人一下，依然是很可怕的。

所以我们在购买电蚊拍时，一定要擦亮双眼。

下面教大家几个挑选电蚊拍的技巧：

（1）看外包装，对于一些三无产品，再便宜也不要买。

（2）看说明书，通常正规产品，它的说明书也比较详尽，有很多注意事项，一定要看清楚。

（3）看电蚊拍的手柄，优质电蚊拍的手柄是塑料的，一次成型，而且光泽度好，无毛糙感。

（4）看电网，好的电网应该是三层，而且每一层之间相隔较大，电网也比较厚实。

使用电蚊拍，也要注意以下几点：

（1）一定要避开小孩。在将电蚊拍使用完后，一定要放好，不要让孩子拿去当玩具玩。

（2）使用时要避开易燃气体。因为电蚊拍会产生静电，导致火花，如果遇到易燃气体，很可能存在火灾隐患。

（3）防止它潮湿。电蚊拍使用完，关掉开关后，可以用干毛巾擦拭，不能用潮湿毛巾擦，更不能用水洗。电蚊拍在放置的时候，也要避开潮湿的环境。

（4）避免身体接触，没事不要用手在电蚊拍上接触。虽然电蚊拍的电量小，但也不排除偶尔会出现漏电现象。在充电时，也要关闭开关。不要用金属物在网面上接触，这样易导致短路产生火花。

（5）不要长时间使用。电蚊拍是有使用寿命的，当出现故障时，一定要到指定的专业维修处进行修理，或直接更换新产品。

33.蟑螂药灭不了蟑螂能“灭”人

周星驰的电影《唐伯虎点秋香》里，有个经典的桥段，他将一只蟑螂叫小强。同时，因为蟑螂的生命力很强，很难除死它，所以蟑螂又被称为“打不死的小强”。

“打不死的小强。”可想而知，蟑螂的生命力有多么顽强。不仅它生命力顽强，它的繁殖能力也很强，所以才有了层出不穷的各种蟑螂药。

以下列举市面上常见的各种蟑螂药，以及其“杀灭”原理。有蟑螂隐患的家庭，可以因地制宜地选择。

1. 灭害灵

这是一种杀虫喷雾。它是利用虫菊酯来喷杀蟑螂的。它的使用范围很小，如果近距离攻击，且有化学毒素危害，而且部分蟑螂对此药已经产生了耐药性。

杀灭指数为★★☆☆☆，推荐指数为★☆☆☆☆。

禁忌：家中有孕妇和幼儿时，禁用。

2. 杀虫粉

此药完全属于农药，杀蟑螂的话，毒副作用特别大，对人体的危害也非常严重，在家庭范围里，如果蟑螂不是灾害性地出现，最好不用。

杀灭指数为★★★☆☆，不建议大家用☆☆☆☆☆。

3. 灭蟑烟幕弹

这是通过物理方式将杀虫剂制成的烟雾剂，相当于人类的催泪弹。它以绞杀、驱赶蟑螂为主。在通常情况下，如果通风措施不好，很容易导致蟑螂没晕，自己先被熏昏了。

杀灭指数是★★☆☆☆，推荐指数为★☆☆☆☆。

注：如果家中有金鱼等宠物，需慎用。

4. 灭蟑颗粒

这是投放混有杀虫剂的饵料，然后诱惑蟑螂来吃，等于给蟑螂设下鸿门宴，请蟑螂来吃鹤顶红。投放地点通常比较讲究，要在蟑螂经常出没的厨房地面和房屋角落里。同时，一定不要忘了及时补药。

杀灭指数为★★★☆☆，推荐指数为★★★☆☆。

注：家中有猫狗宠物者，请慎用！

5. 生物杀蟑饵剂

它利用信息素引诱蟑螂，并使蟑螂感染上蟑螂病毒，并在蟑螂内部传染，导致其群体死亡。适用于家中蟑螂较多的情况。

杀灭指数为★★★★☆，推荐指数★★★★☆。

6. 蟑螂陷阱

利用蟑螂纸、蟑螂屋等陷阱，守株待兔。这属于纯物理杀灭方式，效果有限，但没有污染。这种方式比较适用于偶尔出现蟑螂的家庭。

杀灭指数★☆☆☆☆，推荐指数★★★☆☆。

市面上真还没有百分之百可以消灭蟑螂后永绝后患的方式。因为就算你在家中消灭了所有的蟑螂，家中的卫生做得不彻底，其他蟑螂还会举家迁徙来落户。所以养成良好的卫生习惯，才是“打死小强”的最佳方案。

防“小强”的几个好习惯：家中不留隔夜的食物垃圾，剩饭剩菜及时进冰箱，台面上保持清洁无油污，房间的死角勤打扫。

39.毒鼠强禁用是因为其剧毒性

鼠害无须多说，只用一句“老鼠过街，人人喊打”便知道大家对老鼠多么讨厌了。

讨厌老鼠，就要给老鼠下药。可如今，假药满天飞，老鼠毒不死。当然，也挽救了好多喝老鼠药寻死的人。

老鼠药根据其成分及灭杀效率，可以分为两种：

急性老鼠药——磷化锌、氟乙酰胺、毒鼠磷、毒鼠强、溴甲灵、敌溴灵……

这些成分的老鼠药，毒性非常强，如果被人、畜误食的话，基本上就没救了，属于无特效解药的剧毒物质。

所以现在国家已经禁用毒鼠强等急性老鼠药。

慢性老鼠药——抗血凝灭鼠剂、鼠钠盐、灭鼠灵、杀鼠灵、杀鼠醚、溴敌鼠……

这种老鼠药的毒性成分相对急性老鼠药要小。它们是通过破坏老鼠的血凝机制，导致其内出血死亡的慢性毒药。往往老鼠在食用含有这些毒药的诱饵后，很可能一次不会死，2—3次后才会暴毙。

所以这些老鼠药，需要经常投放才能起到作用。但是如果投放地点不对，那些红红绿绿的小药丸，很可能就被儿童误以为是糖豆吃在嘴里。

新闻里这种事并不少见。

所以无论老鼠药的毒性是大还是小，它们都是有毒的。

有人曾做过一个实验，老鼠药在土壤里是难以被分解的，它会通过植物吸收滞留数月甚至很多年。比方说，被毒鼠强污染过的土壤，很可能4年后还能结出丰富的植物果实。这些果实依然可以毒死老鼠，其毒性可想而知。

既然能毒死老鼠，人吃了能好吗？

所以通常并不提倡家庭使用老鼠药灭鼠，理由如下：

被儿童、宠物误食的风险极高。

很可能被人利用，用于投毒。

污染环境。有的老鼠被毒死后，尸体很可能留在室内的某个角落，不被人找到，腐烂的话，对环境都是有危害的。同时，如果死老鼠被猫吃了，不仅会害了猫，猫死了后，依然会污染环境。

那么如果家里出现老鼠怎么办呢？

平时，我们就要注意堵住各种漏洞。比如说，空调管道的空隙等。还有就是把平时不用的管道堵死，只要房屋中不留有可供老鼠进入的空隙即可。另一个就是厨房内一定要保持清洁，不留食物在外面，存放食物也要加盖。

这样，如果没有漏洞，没有食物引诱，老鼠就不会乘虚而入了。

如果家里有鼠患，对于家庭灭鼠，笔者推荐老鼠夹、老鼠笼、老鼠胶等物理方法。

如果非放鼠药不可，一定记住，要远离儿童、宠物。同时，在投放鼠药时，也要保证家中没有可供老鼠食用的食物，不然老鼠绝对不会选择老鼠药而放弃美食的。

有条件的家庭，家里不妨养只猫，这样猫不仅能给我们当宠物，而且也能使老鼠知难而退。

40.小心，鞋油也会引发肝病

如今，穿皮鞋已经不是什么新鲜事，只要穿皮鞋，肯定少不了擦鞋油。

虽然鞋油味不好闻，但大家肯定不知道，鞋油使用不当，也会给我们身体造成危害，甚至会引发肝病。

很多人肯定又不屑了，心想，这鞋油与肝脏怎么看都八竿子打不着。一个是涂在皮鞋上的，另一个要想亲密接触，必须进入我们身体，就是说必须把鞋油吃进我们肚子里。谁会去吃鞋油?

何况，脚在最下面，嘴在最上面，那么远的距离怎么会破坏肝脏呢?

我们还是先看看鞋油的主要成分吧：光亮剂、有机溶剂、染料、润滑剂、防腐剂、香料等。

乍一看这些成分，好像很常见，并没有明显的“毒”。实际上，鞋油成分中的染料，主要却是一种化工产品——硝基苯。

硝基苯：是一种有机化合物，别称“苦杏仁油”，广泛使用于化工染料中，是一种损害人体中枢神经的毒素。硝基苯可以通过三种方式进入人体：吸入、食入、被皮肤吸收。硝基苯轻度中毒会导致人头晕、恶心；重度中毒会引起中毒性肝病，严重者会发生亚急性重型肝炎。

不了解不知道，一了解吓一跳吧。

鞋油中的硝基苯是毒素。

当然，也不要“谈鞋油色变”，只要我们在使用时注意，还是安全的。

那要怎么安全使用呢？肯定是提前做好防护措施了。

（1）擦鞋油时，先戴上手套。因为硝基苯是可以通过我们的皮肤侵入身体的。

（2）戴上口罩。因为硝基苯可以通过呼吸进入人体。

缩短每次刷鞋的时间，最好控制在3分钟之内。平时不要养成把所有皮鞋攒在一起刷的习惯，否则就等于是吃硝基苯大餐。

（3）选择质量好的鞋油。味道不刺激，颜色正常，外包装完好，开盖后鞋油不会溢出。

把鞋油放好了，别让孩子误食。

谨记：硝基苯吸入过量会导致胎儿畸形或流产，所以为了安全起见，孕妇以不接触鞋油为佳！

小窍门：天然鞋油——橄榄油。

将皮鞋上的灰尘擦拭干净后，可以用棉布蘸几滴橄榄油，然后擦拭皮鞋。擦完后，再等10分钟再擦。这样不但可以为皮鞋上油，而且还有一定的养护作用。

当然，我们这里虽然说的是鞋油，但一些使用高档皮包的女士，有些也会自己为皮包保养。在保养时，也可以将双手涂抹上橄榄油，然后再给皮包打油。这样保养出来的皮包，不仅效果好，而且无毒无害，安全放心。

41.注意樟脑丸的"毒"

樟脑丸对于很多人来说肯定不陌生，春天的时候，我们收进柜子、箱子里的棉衣。等到冬季的时候我们再取出来时，很明显就会有股樟脑丸味。而正是因为这个味道，才让我们的衣服避免了被虫蛀，被虫咬。

在我们提到樟脑丸的时候，不得不提樟木。很多人应该也注意到了，在一些电影电视里，一些大宅院里的大户人家，他们总会拿樟木箱子来放置昂贵衣服。

为什么这样呢？

原来，他们用樟木箱的目的，就是为了给里面的衣物起到天然的保护作用，也就是起到我们现今樟脑丸的作用。

樟脑丸，顾名思义，肯定和樟木有关。

以前的樟脑丸，确实也都是从香樟树中萃取的白色小丸子。不过，传统制作樟脑丸是很麻烦的，可以说是费时费力。当然，更重要的是，哪有那么多的樟树让我们从上面萃取樟脑丸呢?

有些人肯定要说了，谁说樟树缺?谁说樟脑丸缺?那超市里，一堆一堆的雪白的丸子，不就是樟脑丸吗?想要多少都有，有什么好缺的。

告诉大家吧，我们现在市面上销售的那些所谓的樟脑丸，其实早已名不副实了，早已不是从樟树上萃取的了。

如今的樟脑丸，是由萘酚和二氯苯制作成的。里面没有一丁点儿的樟脑，全是农药类的产品，而且这些农药，主要用于工农业生产。

这一说，你后背开始凉飕飕了吧!

前些天，刚从电视上看到一个新闻，一个四岁的小孩在翻箱倒柜时，看到了柜子里的樟脑丸。竟然把它当成了糖果吃进了肚子。最后因为中毒而被送到医院，差点要了命。

这就是说，樟脑丸用不好，很可能会要了我们命的。

不过，又有胆大的说了，管它呢，这樟脑丸只是放在柜子里，又不吃进肚子，只要我们注意点，不吃进肚子不就不会中毒了吗?

只要没吃进肚子就事?不一定吧!

我们现在先来分析一下，目前市场上的樟脑丸的成分吧!

萘酚：这是具有强烈挥发性的物质，当人们穿着含有萘酚的衣物时，萘酚会通过皮肤进入人体血液，人体血液中的酶可以和萘酚产生反应，产生无毒的物质，然后随尿液排出体外。

二氯苯：会通过呼吸或皮肤接触，进入人体，损害肝肾，致癌。

有些人又不解了，既然这两样东西对人身体没好处，为什么还有这种樟脑丸制造出来呢?

当然是因为利益了。

想想看，如果是用纯天然的樟脑丸，成本高昂，就算厂家生产出来了，平常老百姓不见得用得起。

而对于消费者来说，大部分人不知道它的成分有害，即使知道是化工产品，有毒害，但也会想，我们又不会用樟脑丸下饭吃，就算被皮肤吸收，其量也小，那危害也是微乎其微的。再加上，这种樟脑丸便宜，所以也就被大家广泛使用了。

既然无法避免地要使用，那就教大家怎么安全使用吧！

（1）不要用在与食物接触的范围内。通常樟脑丸可以用在衣柜、书柜。但碗柜就千万不能用，否则食物会受到污染。

（2）即使用在了衣柜里，当把衣服拿出来时，也不要马上就穿，最好能晾晒一段时间（最少半天），尤其当闻起来有一股刺激味的时候，千万别穿，等那些毒素全部挥发殆尽了再穿。这样就能把可能造成的危害降到最低。

（3）能不用樟脑丸，尽量别用。比如，可以等衣物洗干后，多给其晒太阳；书柜里也常保持通风。或者可以选择一些自然的干燥剂，如木炭制品等，尽量少用樟脑丸。

除了这些，使用樟脑丸还有一些禁忌：

孕妇禁用。正如所有的化工产品一样，樟脑丸中所含的有害物质，会对孕妇造成不良影响。虽然樟脑丸的外包装上不一定写明（可能也不敢写），但为安全起见，最好不用。

婴幼儿禁用。不是说怕小孩不小心吃了，而是因为萘酚可以被成人的血液酶代谢，而婴幼儿发育不健全，无此功能，于是便会造成严重贫血、黄疸、甚至是心力衰竭。

体弱者、老年人，最好不用。理由和上面的一样。

42.小心切菜不快切手快的菜刀

菜刀，是每个人家里的厨房都不能少的。但凡做饭的，没有不用刀的。除非一些刀工好的，不然在切菜时把手切到的经历，应该很多人都有。

即使是下厨几年的主妇，也有可能在切菜时，让自己的手指上留下道疤痕。而那些初用刀者在使用时，也会戚戚然吧，生怕切到自己的手。

所以说，别看小小的、厨房不可缺的菜刀，也在时刻威胁着主妇们的健康安全。

很多主妇应该有这样一个感受，即使看起来再钝的刀，在切菜时，如果不小心，还是会切到手。

所以才有了一句老话："切菜不快切手快。"

也就是说，菜刀切到手，和它的刀锋快不快，没有关系。它与我们在选择刀和使用刀时的方法有关。

那要怎么避免切到手？又怎么买到一把好刀呢？

先说什么是好刀。

有些人说了，不就是看起来明晃晃的，手起刀落就是好刀吗？

手起刀落?

拜托！那是杀人。

选择一把好的菜刀，有以下几条标准：

刀面要平整，无坑坑洼洼；刀背比刀刃厚，刀前面比倒把处厚；刀刃处无裂口；刀把处的木质要好，不易脱落。

很多人判断一把菜刀好不好的唯一准则，也是“锋利”。其实经常用刀的主妇们都有这种体会，我们一般人在做家常菜时，无论是切什么菜，即使切肉，其实都是不需要刀很锋利的。

当然，锋利的菜刀对于刀工熟练的人来说，确实省时省力。但如果对自己的刀工没那么自信，或者还只是初进厨房的“菜鸟”，还是不要选择太锋利的菜刀为佳，否则稍不留神，切到手，小则切掉皮流点血，大则可能皮开肉绽，伤及筋骨。

在选择菜刀时，不要觉得刀越大，切菜越方便。最好是以操作者自己拿起来方便操作为佳。我们身边有不少人，在买菜刀时，都会选择又大又锋利的做西餐用的刀。这样选择的结果是，做菜像上战场一样鲜血淋漓。

要知道，西餐中的很多肉类、蔬菜需要切丝。而我们的中餐却是不需要的。所以用西餐刀具来做中餐，不仅费力，还因为其不好操作性而容易导致“流血事件”。

当然，切菜切到手的最主要一点就是：使用方法。

正确的切菜方法是：如果是右手用刀，那么左手的食指、中指关节就要抵住刀背，而且手指要全部向内抠。同时，每次切菜时，菜要有一个面完全稳定地接触在砧板上。只有这样才不容易打滑，造成失手。

还有一点很重要，切菜时，千万不要分心。

很多人切菜切到手，要么就是切菜时还想心事，要么就是带着怨气在切菜。在这两种情况下，不切到手简直是奇迹。

很多人家里的菜刀，在使用久了后生锈了，除了我们要重新磨刀外，平时的保养也很重要。

菜刀平时的保养，可以这么做：

每次用完，记得擦干；如有生锈，可以加少量的食醋或用柠檬水浸泡，然后用清水冲洗；菜刀切过鱼、肉后有腥味，可以用生姜片擦拭祛除；长期不使用的菜刀，可以擦干后抹上少量的食用油，防锈。

温馨提醒：夫妻之间如果吵了架，千万别往厨房跑，更不要把菜刀放在显眼的位置，不然在冲动之下，后果不堪设想……

43.常用保鲜膜能致癌，这是真的吗？

保鲜膜，是城市里每个家庭都不能少的吧！

保鲜膜，保鲜膜，听名字好像只要使用了这种保鲜膜，饭菜都能一直保持新鲜一样。

实际上当然不是这样，保鲜膜说白了就是一种塑料膜。它的作用就是覆盖在食物的表面，阻断它与空气发生反应，并减少灰尘、细菌等的侵入，保持食物的暂时新鲜。

因为它能暂时隔绝空气，使食物保持暂时的新鲜，自然在理论上也是让食物处在了真空中。

可我们也知道，这样的隔绝，让保鲜膜与食物进行了零距离接触。这种接触还是非常令人担心的。

想想看，如果保鲜膜自己本身都不新鲜，抑或是它的成分里含有对人体有害的物质，岂不是很容易传染到食物上，进而被我们吃到肚子里去？

通常最可怕的就是那些看不到，摸不着的危害。

现在，就让我们看看不同种类的保鲜膜里究竟都含有什么成分吧！

保鲜膜通常分三类，第一类是PE，化学名称又叫聚乙烯，适用范围是水果、蔬菜、肉类的外包装，它是不含有害物质的。

第二类叫PVDC，化学名称又叫做聚偏二氯乙烯，适用范围是熟食、肉类的外包装。它的耐热性能好，可以进微波炉加热，而且也不含有害物质。

第三类叫PVC，化学名称是聚氯乙烯，它的适用范围是冷鲜食品包装。

此类保鲜膜中是含有有害物质的：聚氯乙烯中的氯不稳定，会随高温释放出氯气，能够致癌。PVC中的增塑剂为乙基已基胺，它会随着某些油脂成分被析出，进入人体，致癌。

从以上就能让我们清晰地知道，PVC保鲜膜中的氯和乙基已基胺是致癌的罪魁祸首。

那么，有些人说，我们知道了，以后只要不买和不使用PVC保鲜膜，不就可以杜绝所有的隐患了吗？PVC保鲜膜难道真的完全不能用吗？如果真有这么大的危害，不能用的话，为什么又要生产呢？

首先说明，PVC保鲜膜的成分与我们平时接触到的塑料袋成分是大致相同的。我们偶尔使用，而且还不高温加热，不沾染某些有机溶剂的话，它还是相对安全的。

所以PVC保鲜膜才会适宜冷藏食品。

当然，我们说了PE和PVDC没有危害，也不能说它是绝对安全的。

因为PE和PVDC一样也属于化工产品。使用的时候，也是需要看清楚说明书，注意它的温度适宜范围的。否则接触食物时间过长，又经过了高温，这些“塑料”制品难免也会释放出一些有害人体的物质。

在购买保鲜膜的时候，通常情况下，它的外包装上会标明成分。所以还是容易辨识的，如果遇到没有标示的产品，最好不要购买。

在此，我们提供一个辨别PVC保鲜膜的方法：

取一点保鲜膜，用火机点燃，火焰发黑，冒黑烟，伴有刺激性气味，离开火焰就熄灭的，毫无疑问为PVC。

当然，从环保的角度来说，保鲜膜最好少使用，或者不使用。因为保鲜膜的工作原理，是违反自然的。如果家里经常没有剩饭剩菜，也没有剩在冰箱里的水果蔬菜，那么保鲜膜是没有用武之地的。

况且从健康角度来说，剩饭菜中多少也会产生硝酸盐类的致癌物质，水果蔬菜放在冰箱里就算有保鲜膜可以保鲜，其中的维生素和营养成分也会大量流失。

温馨提醒：

每次做饭做菜时，尽量少一些；每次买水果也少一点，吃完了再做、再买。这样看似麻烦，却是没有后患的。经常使用保鲜膜的“懒人”们，终将会为懒惰付出健康的代价，实在不划算！

44.陶瓷餐具对身体的危害

餐具，想必家家都用。如今市场上的餐具，完全可以用琳琅满目来形容。

在看《家有儿女》这个电视剧时，看到一家五口，每个人的碗一种颜色，红、黄、绿、青、紫，真是羡慕之极，也想着它们很卫生。

想想看，根据颜色，就能把几个人的碗分开，多卫生呀。

于是，也便买了各式各样、颜色迥异的陶瓷碗盘，让一餐饭，变得多彩起来。原本是为了给餐饭找点情趣，多点快乐，不料有朋友提醒说，颜色鲜艳的陶瓷碗盘，对身体的危害很大。

真是这样吗？

查了资料后吓了一跳。

也许大家不知道，我们生活中常用的一些餐具，它的不合格率就达到了四成。其中，最主要的问题是铅、镉等重金属含量的超标。

经常逛街的朋友应该都知道，在一些街边摊头，特别是夜市的地摊处，我们经常会看到样式、颜色漂亮的陶瓷餐具。

那些餐具的价格也是便宜得要命，比超市少很多。小摊贩对此的解释是，我们是直接从厂家拿货的，少了中间很多程序，所以便宜。

如果真信了这些话，那就上当了。

因为地摊上的这些瓷器餐具超过60%的都是不合格的，它的铅、镉溶出量竟然超出了规定指标的十余倍甚至几十倍。

这些重金属一旦在高温下熔出，将会危害到我们的身体健康。

这下知道便宜的代价了吧!

我们先来了解一下餐具的制作方法，看完后，就能了解这些劣质餐具的危害到底在哪儿了。

陶瓷总共分三种，分别是：釉上彩、釉下彩、釉中彩。

釉上彩的工艺相对简单，因此它的价格也相对低廉。陶瓷碗碟中存在的铅、镉等“毒素”主要来源于釉上彩的颜料。

彩釉中的铅、汞、镉等都是对身体有害的元素。如果镉熔出量超标可以导致人体镉中毒，引起肺疾病；而铅熔出量超标则可导致人体铅中毒，轻者表现为易怒、没有食欲、性格改变、腹痛，重者则会导致肾衰、反应迟钝、痛风、周围神经系统病等。

釉上彩陶瓷中的铅化合物非常容易被酸溶解，当食物与溶解的铅化合物接触时，就可能被食物中的有机酸渗解出来。

同时，陶瓷制品中如果含有有害成分，那么在600—800℃高温下可能溶出，因此在使用微波炉时，劣质瓷器中的有害物质也会大量溶出，对身体造成严重影响。

“铅中毒”的危害我们都知道。对儿童而言，“铅中毒”危害尤为严重。轻则影响大脑发育，重则很可能引起颅内压升高、呕吐、痉挛等。

在使用不合格陶瓷产品时，有害物质会溶出，随着食物进入人体，时间一长，就会引起慢性中毒。

总之，那些不合格的陶瓷餐具，那些地摊上摆着的五颜六色的餐具，我们买来放在家里当装饰品可以，千万别真拿它当餐具，不然，在我们拿着这些餐具吃饭的时候，也就等于是在慢性自杀。

45.乳胶、塑胶手套也有危害

乳胶手套在现实中，已经越来越多地被主妇们用到，更确切地说，甚至是手部皮肤干燥的主妇们的福音！

因为我们知道，很多家用的洗涤产品多少都有腐蚀性，不戴手套劳作的话，双手会变得干燥粗糙无比，摸起来像“砂纸”一样。

然而，我们不知道的是，很多不合格的塑胶乳胶产品里是含有对人体有害的物质的，如果使用不当，很可能会给身体带来健康隐患。

为了能让乳胶手套发挥到它的“护手”功能，又不对人体造成伤害，我们在使用乳胶手套的时候，是需要注意一些问题的。

在此，我们教大家几招购买乳胶手套时，判断它是否合格的诀窍：

一看颜色：通常正规厂家生产的家用乳胶手套，它的颜色非常均匀，而且色泽也比较鲜艳。

二摸手感：一般优质的乳胶手套，它的手感是柔软舒适的，摸起来不会发硬，拉伸后也有很好的弹性。

三闻气味：劣质的乳胶手套，包括我们日常使用的很多劣质塑料产品，闻起来都有一股难闻的气味。这种气味其实是在通过我们的鼻子警告我们：远离它，里面的化工原料是对人体有害的！

四掂重量：在我们把优质和劣质乳胶手套做对比的时候就会发现，优质乳胶手套很有分量；而劣质的产品，为了省材料，会很薄很轻。一般而言，优质的手套，它的重量大概在2两（100克）左右，如果上手感到很轻，最好不要用。

购买乳胶手套的时候，最好一次可以买两双。一双可以用于洗碗，另一双就可以用于洗衣服和日常洁尘工作。这样做的目的就在于避免把其他的灰尘细菌带到餐具上。

当然，使用乳胶手套的时候也是有一些小窍门的。只要掌握了这些小窍门，就会让我们既杜绝了健康卫生的隐患，又能延长乳胶手套的使用寿命：

（1）切记使用时，水温不要超过40℃。使用乳胶手套时，水温如果超过了40℃，很可能让乳胶手套中的某些有害物质散发出来，不但未能“护手”，反而会“伤手”。

戴手套时，不触碰那些尖锐的物品，防止破裂。

（2）每次使用完，记得将里外都擦干。因为手套里面也会残留手上的汗液和细菌，如果不擦干的活，乳胶手套也就失去了“护手”的作用。

所以别怕麻烦，用完翻过来，仔细擦干。当然，还要注意的一点是，不要将乳胶手套放在日光下曝晒，这样会减少它的使用寿命。

（3）大小一定要合适。手套如果太紧了，用起来手部的皮肤就会很不舒服；买大了，使用起来也不方便。所以选购手套的时候，也要考虑使用者的手形，挑选大小合适的为宜。大小合适的乳胶手套，用起来也就既方便又透气了。

（4）1—2个月就要更换一双手套。在使用中，即使手套没有破，为了防止细菌的滋生，最好也要换一双。

如果在使用乳胶手套的时候，发现手部的皮肤出现过敏现象，千万别犹豫，也不要舍不得，一定要扔掉重新购买。

此外，为了预防橡胶过敏。可以在使用乳胶手套前，先洗手涂护手霜。等到手部吸收了护手霜后，再戴手套。而且每次戴手套的时间不要超过30分钟。

温馨提醒：很多人啃一些大块骨头的时候，喜欢戴上一次性塑料手套。以为这样很卫生，殊不知，其危害更大。

因为这些一次性塑胶手套，里面的有害物质很可能通过食物的油脂被析出来，最后再被我们吃到肚子里。而且由于这些食物很烫，也容易让塑料产品中的毒素释放，危害人体健康。

所以说，一次性塑料手套，不是在保护我们的身体，而是在让我们“食毒”。

46.有“毒”的塑料袋

提起塑料袋，相信几乎每个人都对它很熟悉。

去超市，少不了塑料袋装大包小包的东西；去菜市场，也少不了塑料袋装菜；就是去买熟食，甚至去饭店打包，都要用塑料袋。

塑料袋成了我们生活中不可缺少的一部分。虽然我们知道塑料袋对人体的危害，但还是少不了它。

如今，限塑令的出台，不能不说是件好事。因为起码超市免费大量供应的塑料袋少了，这样用环保袋的人也就多了。

但还有很多人对限塑令不满，认为是商家故意的，因为现在再去超市买东西，塑料袋都要收钱的。

其实大家不知道，虽然说限塑令的目的是为了环保，因为它不易分解，容易危害我们的环境。但却不知道，这些薄如蝉翼的塑料袋，还会伤害我们的身体。因为它们是“有毒”的塑料袋，严重的甚至会让我们造成精神疾病。

这么一说，是不是能与如今越来越多的抑郁症联系起来了？

确实，虽然说抑郁症是压力过大造成的，但说不定也和我们日复一日地使用塑料袋有关。

我们先来分析一下这些有毒塑料袋的成分：聚氯乙烯、硬脂酸铅、邻苯二甲酸酯、化合药剂。

知道了这些成分是有毒的，那它们对人体的危害又有哪些呢？

聚氯乙烯——它对人体的神经系统会产生破坏，长期沉积在骨骼和肝脏里，容易引发血管瘤。

硬脂酸铅——在它加热后，随着高温的溶解会进入食物，然后造成人体慢性铅中毒。

邻苯二甲酸酯——它是有微毒的，进入人体后也不宜被代谢（苯类物质较为稳定，不容易被分解）。

化合药剂——这种成分易溶于油脂，然后再随食物进入人体，破坏人体内分泌系统，容易引起乳腺癌、男性生殖系统疾病，甚至还会导致产妇流产或胎儿畸形。如果长期积蓄在人体内还会引发精神疾病。

害怕了吧!

可有些人又说了，这些毒素反正不会让人马上中招，而且量也很小。怕什么？可大家应该知道水滴石穿的道理吧！如果我们还是不管不顾地"坚持不懈"地使用有毒塑料袋，一定会让这些毒素侵入我们身体的。

而且，廉价的塑料袋表面往往还有滑石粉。它里面的铅的危害，想必大家都知道吧!

更不要说那些未经消毒的大量细菌、病菌。

所以完全有理由说，在我们使用这种塑料袋装食物，特别是熟食、热食的时候，就是在吃毒素、在慢性自杀。

当然，这么一说也别害怕得完全不敢用塑料袋了，毕竟它用起来还是很方便的，只要我们注意使用方式，尽量少使用，还是可以把对身体的伤害降到最低的。

首先我们要辨别哪类塑料袋有毒。现在将有毒塑料袋和无毒塑料袋做个比较：

无毒的，通常摸起来手感好，有润滑感，属蜡质表面；颜色通常也是乳白色或透明的；用手抖一下，声音会很清脆；如果取少量来点燃，也容易燃烧；放在水中的话会浮在水面上。

有毒的，表面通常比较粗糙，颜色也不清亮。用手抖的话，发出的声音闷而涩。如果取少量点燃也不容易燃烧，放在水中是下沉的。

当然，为了我们的健康，还是少用塑料袋的好。这不仅关乎我们的环境，对我们的后代也有影响。

温馨提醒：市面上那些带有颜色的塑料袋，大多都是回收废料生产的，所以只能用于装垃圾。万万不能用它来包装食物。

47.铁锅生锈对肝脏会有影响！

我们吃的每一种菜都少不了要用锅来炒。市面上的锅，品种多的也是数不胜数。比如，铁锅、铝锅、不锈钢锅，陶瓷砂锅，各有优点又各有缺点。

比如说，铝锅轻便，但铝元素会导致人加速衰老；不锈钢锅好清洗，但不合格产品中含有致癌的六价铬；陶瓷砂锅煲汤很美味，但大多数砂锅的釉料中含有铅……用来用去，我们好像还是觉得铁锅最好用。煎、炸、烹、烧样样都行！

更重要的是，据说用铁锅烹煮时，会有一部分的无机铁溶入食物，能够预防缺铁性贫血。

铁锅真的有那么好吗？我们真的需要用铁锅来为我们补充一些铁吗？

铁祸确实能为我们补充一些铁，而且以前，我们的体内也确实需要补充铁。因为以前生活水平有限，奶、蛋、肉类食物的摄取量比较少。随着我们生活水平的提高，餐桌上的食物日益丰富，我们从食物中摄取的铁等微量元素已经足够，所以完全不必要再去盲目使用铁锅来补铁。

铁锅并非只有优点没有缺点。铁锅容易生锈，生锈后产生的氧化铁如果被人体吸收后，会造成肝脏的负担。

有实验证明，城市人口患肝脏疾病高于农村人口，主要的原因之一就是摄入了过度的氧化铁。

那我们要怎么保留铁锅的优势，而减少它的劣势呢？

当然主要是注意防锈，只要没有铁锈，也就没有致肝脏疾病的氧化铁。

那要怎么防锈呢？

（1）刚买来一个新锅，可以在使用前先将铁锅放在火上慢慢烤，烤的时候要注意铁锅的锅底与锅边也要被烤到。直到铁锅产生一股刺鼻的气息。在那刺鼻的气体消散后，就可以结束干烧了。然后再等锅体自然凉透后，用水洗铁锅。直到锅内壁的颜色接近银白色时就可以了。

（2）铁锅在用完清洗后，一定要记得将铁锅的内壁擦拭干净。如果还有潮湿的地方，可以用小火稍微烤一下，除去潮气，是防止生锈的最好办法。

（3）如果连续用铁锅炒菜，第一个菜炒完后，要彻底将锅洗干净，然后再炒下一个。这样可以预防上次炒菜留下的残渣被再次加热，形成氧化铁。

（4）因为铁锅容易生锈，所以如果有剩菜，也要先盛出来，千万不要让食物在铁锅里过夜。

（5）当铁锅出现锈迹时，也不要用洗洁精等来清洗，而是要用食醋在将铁锈处稍微浸泡后，就可以去除了。

（6）如果铁锅使用的时间比较长，而且也出现了严重的生锈现象，甚至都掉出了一些黑渣的时候，这铁锅就不能用了，要毫不犹豫地换掉。

7. 对于一些长时间不使用的铁锅，可以把它们清洗干净，在擦干后，涂上一层薄薄的食用油，这样也是可以防锈的。

8. 炒菜时，如果看到那些炒焦的黑褐色渣滓，最好不要食用。

生活小常识：

铁锅不宜用来煮绿豆汤。因为绿豆中的鞣酸会与铁发生反应，产生鞣酸铁，使汤色变成黑褐色。这样不仅看起来不美观，而且其营养成分也会流失。另外千万不要用铁锅来熬煮中药，因为这容易使铁元素和中药成分发生反应，影响药效。

48.使用不当，不粘锅竟然变毒锅

对于很多家庭主妇来说，不粘锅的出现，减轻了她们的很多工作量。让做饭和洗锅，变得不再那么麻烦了。

不粘锅，顾名思义，不让炒煮的食物粘在锅上。它克服了传统铁锅油放少了就煳锅底的问题，而且特别容易清洗。也正是因为它的这些优点，使大家在炒菜时的用油量也得到了有效的节制，特别符合现代人的健康饮食的习惯——少油。

不过，不粘锅在拥有了这些看得到的优点时，却又被爆出一个爆炸性的缺点：不粘锅实际上是毒锅！

这让很多喜欢不粘锅的人大受打击，甚至根本接受不了这个观点。

任何观点想要站得住脚，就要经得起科学的分析。“锅”在我们生活中必不可少，而且非常非常重要，我们万万不能马虎。

为了弄清楚不粘锅到底有没有毒？我们先来看看“不粘”的原理是什么：

不粘锅之所以“不粘”，源于锅内涂有一层俗称为“特氟龙”的物质。其化学名称为含氟树脂。它是包括聚四氟乙烯、聚全氟乙丙烯等各种含氟的聚合物。

稍稍有点化学常识的人都知道，氟是惰性气体，所以氟化物具有较强的稳定性。正因为它们的稳定性和耐高温性等，才让它们被广泛地用在不粘炊具上。

所以说，质量合格的不粘锅，它的本身是没有毒的。但如果使用不当，就会导致锅体内的某些重金属元素被析出，变成“毒锅”。

这么一说，“不粘锅”的喜好者可以放一半心了，那要怎样使用才不至于让“不粘锅”变“毒锅”呢?

1. 忌：高温煎炸

因为氟化物所具有的稳定性是相对的，并不是绝对不变的。所以当它遇到高温的时候，还是会发生一些改变。

不粘锅表面的涂层只有0.2毫米左右，在遇到锅内无水无实物干烧，抑或油温持续升高的情况下，如果温度达到300℃以上。那这层薄膜（特氟龙）就会被破坏，本身金属锅内的一些有害重金属就会释放出来，进入食物，然后危害人体健康。

2. 忌：铁铲烹炒

我们如果看一下“不粘锅”的说明书就会知道，它的上面写着“勿使用金属铲”。为什么要这么注明呢？因为尖锐的金属铲同样会破坏不粘锅表面的涂层，导致“不粘”的效果下降，有害物质也就被释放出来了。

3. 忌：大量肉蛋

我们知道，酸性物质具有一定的腐蚀性，用不粘锅长期大量地烹制酸性食物，就会导致金属产生化学反应，生出一些对人体有害的物质。有些人就说了，酸性物质是什么？是不是指醋？恰恰相反，醋是碱性食物。而肉类、蛋类则为酸性食物。所以不粘锅最好用来清炒素菜，肉蛋类最好不用。

4. 清洗过度

一般在正常情况下，如果我们正确使用不粘锅的话，锅确实很好清洗，只用清水就可以了。但如果用大量的洗洁精加金属球来摩擦，很容易导致“不粘层”脱落，自然也会让一些有害物质释放，危害我们的身体。

5. 热胀冷缩

使用完不粘锅后，一定要先等其自然降温，然后再用清水去冲洗，否则很容易因为热胀冷缩，导致锅体的损坏。

总之一句话：“不粘锅”的好处，是在我们选择正规商家生产，并且能正确使用的情况下，才会体现它的好处。如果我们买了一个“山寨”不粘锅，抑或是我们使用时不注意，高温、无油、大力清洗……这些错误的做法，都会导致不粘锅变成毒源，危害我们的健康。

49.高压锅使用不当太危险

高压锅，怎么说呢？对于它，如果稍稍了解就会发现，在人们的眼里，它是好坏参半的。好处当然是“快”。特别是在一些海拔高的地方，如果不使用高压锅，那饭根本就是煮不熟的。

但坏处呢，自然就是危险。不怎么用高压锅的人都会知道，在使用高压锅时，听着那哧哧声，还是有些心有余悸的。

如果我们再在网络上搜索一下“高压锅爆炸”，就能获得几十万条结果。

可以说，高压锅爆炸事件的发生，并不是偶然。

那么高压锅的工作原理到底是怎样的呢？

高压锅利用密闭的环境，让水不断地沸腾，形成一个高压高温的环境。在这个“双重打压”的环境中，饭菜不仅熟得快，而且容易变软。

比如说，一般要慢炖好几个小时的猪蹄，如果用高压锅的话不到30分钟就能煮好了。所以为了省时省力，不少人会选择用高压锅。

无论多喜欢用高压锅，也无论是使用的哪种高压锅，都得时刻提防着，防止错误的使用方式导致爆炸：

（1）高压锅里的食物不得超过容积的2/3。这条在高压锅的使用说明书上都有。只要不是买的“山寨”高压锅，都能看到。

为什么说明书上要有这个叮嘱呢？这是因为锅内的预留空间越小，压力的缓存不够，就会导致爆炸。当然，为了更加保险起见，可以把食物量再下调到这个量的1/2，尤其是在煮那些容易膨胀的食物，如玉米、豆类等时，一定要注意。

（2）每次加盖蒸煮之前，都要检查锅盖中心的排气孔是否通畅。因为如果排气孔堵塞的话，就会导致蒸汽散发不出去，压力不断积蓄，自然会导致爆炸。

所以在使用前先要检查一下，检查的方式也很简单：对光看，或者用嘴吹起。当发现它堵塞后，可以用牙签排堵。

（3）加上盖子以后，不要急于加限压阀。通常在高压锅加热后，锅里的冷气被排出，也就是中心孔开始往外均匀地冒热气时，再加限压阀。当然，限压阀也要保持通畅，不能被堵塞。

（4）使用高压锅，最好先用大火，然后再改为小火。因为长时间的大火很可能会导致压力过大，引发爆炸。

（5）最好不要用高压锅烹煮稀饭等容易产生泡沫的食物。因为泡沫极易堵塞高压锅的排气孔，引起爆炸。

（6）使用高压锅时不要偷懒，要尽量控制缩短时间。否则出现状况后，如果无人在旁边，很容易导致意外发生。

（7）做好饭菜后，不要急于拿下压力阀或打开锅盖。在等到高压锅的热气都散发完后，再开锅。

（8）使用高压锅前，请仔细阅读说明书。然后按照说明书上的规范操作。

（9）一般情况下，高压锅是有寿命的。在高压锅用够8—10年后，即使高压锅没有坏，也不建议再使用。在所有高压锅爆炸事件中，有六成以上都是因为高压锅过期导致的。

50.过期的燃气灶存在安全隐患

我们如果看到一个过了保质期的食物，肯定不会再吃。因为我们知道它会危害我们的健康；如果我们看到一个过了保质期的化妆品，我们肯定不会用，因为怕伤害皮肤……

我们在超市买东西时，在选好一样后，还要拿过来反复查看它的日期。由此可见，保质期内对于我们来说很重要。

甚至我们工作，也会有个年限，到了一定年龄，也是要退休的。

可我们有没有在做饭、炒菜的时候，想想看，我们使用的燃气灶是不是过期了？我们的燃气灶是不是也该退休了？

“燃气灶也会过期？开玩笑吧！”

“让它休息？那肯定是不能用的时候呗！”

这肯定是很多人的想法。

可事实告诉大家，燃气灶还真会过期。

《国家燃气灶具安全管理规程》的红头文件上，清清楚楚、明明白白地写着：厨卫电器安全使用年限为5-8年。

可我们有多少人注意到这个问题？或者说即使注意到，在它到了这个年限时，只要觉得没问题，还是不愿让它“下岗休息”的。直到用得它“趴下”、坏了，我们才会放弃。

其实我们不知道，如果我们用了“超龄”燃气灶，它是存在安全隐患的。当然，这并不是说燃气灶本身有什么质量问题，即使是从正规厂家出产的，质量完全没有问题的燃气灶，也会因为我们的超期使用出现隐患。

不相信？那我们就慢慢细说。

燃气是什么？

燃气一般分为两种：液化石油气和天然气。

液化石油气的成分是乙烯、乙烷、丙烯、丙烷、丁烷。

天然气的成分主要是甲烷。

无论是液化石油气还是天然气，它们的成分不仅是便利的燃料，更是易燃、易爆的气体！

所以，当燃气灶使用超过保质期以后，里面的零部件就会锈蚀、磨损，极易导致燃气燃烧不充分。在费时、费气、费钱的情况下，会产生废气。废气中的一氧化碳就会超标。如果燃气灶是放在不通风的环境中，还极易引起中毒，更甚者会导致燃气灶漏气，发生火灾、爆炸！

有人又问了，为什么燃气会有一股难闻的气味？

这难闻的气味，其实就是为了防止漏气，加入了乙硫醇这种刺激性气体。加入这种气体的目的就是便于人们在漏气的情况下，能够及时闻到，并预防危险发生。

谨记：如果你的燃气灶使用年份超过了8年，无论是否有漏气现象，请更换燃气灶！

如果你的燃气灶使用年份没到8年，但偶尔有难闻的味道，请检查燃气灶！

前面说了那么多过期燃气灶存在的危险，其实对于没有过期的燃气灶，在使用过程中，我们也是要注意安全的：

厨房里，必须要有通风设备。如排气扇；在使用燃气灶的时候，屋里也必须有人照看，以免因为熄火引发危险；燃气灶周围不能有易燃易爆的物品；发现漏气，也就是闻到燃气泄漏，请及时关闭总阀门，开窗通风，切记不要用火，或打开电器开关；嗅觉不好的人，可以在厨房安装可燃气体报警器；每年彻底检查一次燃气灶及软管周围，排查隐患。

51.电烤箱方便易烫伤

电烤箱如今也是一些新婚夫妻、年轻人厨房必备的厨具。

因为电烤箱的作用实在太大了。比如，可以烤金灿灿的烤鸡翅，可以烤黄澄澄的曲奇饼，甚至还可以做红艳艳的草莓派……

这些听了都让人馋的食物，如果摆上桌子，是不是还让人感受到了一份浪漫和温馨？

然而，凡是用过电烤箱的朋友，一定也有这种感受：手时不时会被烫出一个大泡。

所以说，烤箱虽好，但如果使用不当，也会伤害身体的。

别以为把手烫个大疱就没关系。

为了预防被烫伤，让电烤箱切切实实地为我们谋利。我们就来研究一下电烤箱的工作原理，然后搞清楚它为什么会烫到手？

电烤箱是利用内部安装的电热元件发热，通过热辐射来烘烤食品的。它的温度范围一般在50—250℃。

想想看，一般情况下，80℃的水温就可以让皮肤受伤，更不要说250℃了！

可有些人又要问了，我们只是碰一下电烤箱的门，手就被烫出一个大水疱来。电烤箱的内部有热量，我们知道。可为什么电烤箱的门上也会有高温呢？

学过物理的朋友都会知道，热辐射是发散式的。烤箱内部的高温是可以通过辐射传递到门上的，而且很多电烤箱的门采用的也是玻璃，目的就是为了方便人们观察里面的食物是否烘烤好了。而玻璃也是导热体。

这样一说，大家对碰电烤箱门也烫出水泡来的情况也就能了解了吧。

一般比较细心的人会发现，正规厂家出产的电烤箱，它的说明书上都会清清楚楚地写着："戴手套开门。"

为了预防我们使用电烤箱时烫伤，我们需要注意些什么呢？

（1）电烤箱一般不要放在随手可触的地方，否则很容易不小心烫到手。应该放在一个相对开阔的位置，而且周围也没有杂物，这既能帮助烤箱散热，而且又不容易烫手。

（2）电烤箱的旁边随时放好手套。这个手套，最好还能选择一款颜色比较鲜艳的棉手套，这样就会让我们很快发现，而不至于遗忘。

（3）每次烘焙结束后，一定要先关掉电源。关好电源后，稍等一下，再开电烤箱的门，开电烤箱门时，千万不能忘了戴手套。

（4）小心移动电烤箱里的食物盘和配件。最好用夹子，也可以用棉手套，这样就能预防高温油等引发的烫伤。

特别注意的是：电烤箱一定要远离儿童。

生活小常识：

电烤箱除了要防烫，还要防电、防火、防爆：在清洁电烤箱内部时，不要用水去冲，否则会导致内部元件受潮。每次使用完后，等到烤箱冷却后，再用干净的抹布擦拭；电烤箱周围10厘米范围内，不要放置棉麻纸等易燃物质；同时，不要放非食物或烤箱配件之外的东西进行烤制，否则会引起爆炸或火灾；电烤箱的门多为钢化玻璃，使用完未凉透时，也不要溅上冷水，否则会引起玻璃爆裂。

52.使用微波炉危害多

微波炉，如今已经成了现代家庭最常用的电器之一。对于一些双职工家庭来说，微波炉的作用不容小觑。甚至一些单位，为了给每天带饭的员工提供便利，也会在办公室放上一台微波炉，让员工吃上热气腾腾的饭。

可越来越多的人对微波炉提出了异议，觉得它在给大家提供便利的同时，也给我们的身体造成了危害，并总结出了三种危害：

（1）微波炉是有辐射的，经常使用，辐射对人体的伤害也就体现出来了。

（2）微波炉会破坏食物的营养，不能常用。

（3）微波炉会让食物产生有毒物质。用微波炉加工食物，无异于在“食毒”。

听了这三种危害，大家是不是吓了一跳？这三种危害中，有辐射我们应该都清楚，因为家用电器中，很多都有辐射。但其他的两点，是不是越听越糊涂？微波炉是怎么破坏食物营养的？怎么让食物产生有毒物质的？

对于这几个问题，我们先从微波炉的工作原理说起：

微波炉产生的电磁辐射属于高频电磁波。在电磁波的波谱中，它介于超短波和红外线之间，其穿透力极大。它能引起食物内部极性分子的高速运动，产生摩擦，并且使温度迅速升高，从而煮熟食物。

看起来是不是还是有些不大明白？那我们还是一点一点来了解吧！

首先，我们来看看微波炉的辐射有多少？

经测定，微波炉在使用的过程中，当在关上炉门时，它对人体的辐射量相当于40瓦的灯泡。所以说，它对人体几乎没什么影响。

那么，大家所说的第一个危害也就排除了。

微波炉会破坏食物的营养成分吗？

我们用卷心菜做个试验。当我们把卷心菜放在微波炉里热熟后，它里面的维生素C流失比例为4.76%，而传统烹炒则会高达19.04%。

这么一说，大家也就清楚了，第二个危害也排除了。

微波炉是否会让食物产生有毒物质呢？加热食物的方式是物理方式，没有化学物质参与，而且速度比较快，按照物质守恒定律，也不可能产生食物以外的所谓有毒物质。

其实只要我们好好想一下就会明白，如果微波炉真有这几大危害，肯定也就没有那么多人用微波炉了。因为发达国家有90%的家庭都在使用微波炉。

这么一说，很多微波炉的依赖者就高兴了。那么是不是使用微波炉就真的一点危害都没有呢?

当然不是，因为虽然微波炉本身没有危害，但如果使用不当，就会造成一些风险：

（1）如果我们把食物装在非微波炉专用的塑料制品里，然后放在微波炉里进行加热，那很可能会产生有害物质。同时，一些金属品，或带金属的瓷器等，都不能进微波炉内加热，必须使用专门的微波炉器皿。不然很可能发生爆炸。

（2）禁止使用微波炉油炸食物，不然那飞溅的油点很可能会导致微波炉起火。

（3）一些带壳的食物，如鸡蛋，最好能去壳后再放进微波炉加热，以免在微波炉里发生爆炸。

（4）容器里没有水的时候，也不要在微波炉里烹煮，否则会有火灾隐患。

（5）微波炉是厨房用具，千万不要用来烘干衣物或宠物，否则会造成火灾或宠物死亡。

生活小常识：

微波炉上方的排气口要保持通畅，使用中的微波炉，上面不要有遮盖物。

不要让孩子去微波炉里取食物，以免被灼伤。

使用超过8年以上的微波炉，最好能停止使用，否则会有辐射大量泄漏。

53.电饭煲里隐藏的杀机

电饭煲家家都有，使用起来也相当方便，连小学生都会用。而且最近，有厨艺天分的人开始挖掘自己的厨艺，开发了很多电饭煲的新功能。比如，有人用电饭煲做蛋糕，说它做出的蛋糕比烤箱还好吃；还有人用电饭煲炸鸡翅，说真是又快又好还省油，比不粘锅还好……

可有些人又说了，让电饭煲做那么多本该不是它的工作，能好吗？你们是没看到电饭煲里隐藏的杀机。

电饭煲里隐藏有杀机吗？我们先来要看看电饭煲的内胆原料吧！这样便会知道如此“替代”行为，是否正确了。

电饭煲的内胆是用什么材质做成的?

铝!

“铝”的化学性能特别活跃，一旦遇到食物中的酸、碱成分，便会发生化学反应，析出铝离子。

人体吸收了大量的铝以后，就会在大脑、肝脏、脾脏、肾脏等器官积蓄，时间久了，易患老年痴呆、骨质疏松、肾功能障碍等多种慢性疾病。

有对母女，喜欢用电饭煲煮一大锅米饭。这餐吃不完了，饭也不另盛，而是连电饭煲内胆拿出来，直接放进冰箱，随吃随取。一锅饭都能吃十多天。

她们觉得这是在节约粮食，还经常向别人介绍她们的“经验”。可结果却在两年内，两母女先后患上了结肠癌去世。而对于她们母女俩患结肠癌的事，医生说和常年用电饭煲吃隔夜食物有关系。

当然，我们不能简单地把结肠癌归结于电饭煲。但可以肯定的是，米饭煮熟后长期盛放在铝制内胆里，弊肯定是大于利的。因为米饭是酸性物质，如果长期接触铝，难免会析出铝离子，然后日复一日地被吃进肚子……

有人会说：“我们家的电饭煲内胆不是铝的，是合金的，这个该安全吧？”

世界上本来就没有绝对安全的物质存在，饭吃多了还会出现消化不良，更别说其他的了。那种深色合金的电饭煲内胆与不粘锅的原料是一致的，都是聚四氟乙烯。

聚四氟乙烯在持续的高温下，或遇到酸碱性较强的物质的时候，也会分解出有毒物质。

所以不管是哪种内胆的电饭煲，在我们使用的时候，一定要注意：

（1）煮好米饭后，一定要及时把饭盛出来，不要让米饭在锅内待太长的时间。这样可以减少与有害物质之间的接触。毕竟煮饭的时间比较短，相对也无多大害处。

（2）不要用电饭煲煮咸、酸性的物质，尤其是油脂类食物。因为很多金属中含有的化合物都具有油溶性。

（3）不要用电饭煲做其他用途。即使要煲汤，也不要煲太长时间，做蛋糕时，因为有油分等，这些都会加速内胆里有害物质的分解。虽然电饭煲一般都有煲汤、煲粥的功能，但为了安全起见，还是只用它来焖米饭比较保险。

（4）像爱护不粘锅一样爱护电饭煲内胆上的涂层。在洗电饭煲的时候，不要用金属或锐利的清洁产品对其造成刮痕。偶尔遇到底部有烧糊的物质，也要先用温水浸泡的方式来去除。

54.使用不当，会爆炸的电磁炉

食品卫生越来越令人担忧，对于那些爱吃火锅的人来说，地沟油火锅的出现，让他们不得不把吃火锅的阵地转移到家里。

于是，很多人的家里都准备了一个电磁炉。这样只要买些自己喜欢的菜，在家里就能随时随地地吃到干净、卫生的火锅了。而且，电磁炉是用电的，没有污染，也无明火，安全系数非常高，深受大家的欢迎。

不过，既然是“电磁炉”，这“电磁”两个字，很容易让人想到了“辐射”。这电磁炉到底会不会造成电磁辐射污染呢?

还是先来看看电磁炉的工作原理吧!

电磁炉是采用磁场感应涡流加热原理，电流通过电磁炉内部的金属线圈产生了磁场，也就是有了吸引力，吸附电磁炉上放置的金属器皿，并产生无数小涡流，让金属器皿变热，然后金属器皿内的食物也就被辐射到了热量。

所以，正规厂家生产的合格电磁炉，在工作时，产生的电磁辐射是非常小的，仅相当于手机电磁辐射的六千分之一。

所以说，电磁辐射不属于电磁炉的隐患。真正的隐患不在电磁上，而在其表面——晶化陶瓷板。

晶化陶瓷板可以隔热，所以电磁炉的表面一般都不是很烫。但与此同时，晶化陶瓷板是易碎物，如果使用不当，很可能发生爆裂，产生安全问题。

那么，哪些错误使用电磁炉的方式，导致了电磁炉的爆炸呢？

（1）直接把罐装食物放在了电磁炉上加热。这样的结果是，导致局部受热，最终使晶化陶瓷板受热不均衡，产生爆炸。这种做法的危险指数是三颗星。

（2）将电磁炉整体放在水中清洗。这种做法是非常危险的，因为如果内部电源配件遇到了水，很可能发生漏电现象，或者因为电阻比较大，都会导致爆炸的。这种做法的危险指数是五颗星。

（3）连锅带食物超过5公斤放置在电磁炉上。这样因为超重，会导致晶化陶瓷板破裂。它的危险指数是二颗星。

（4）电磁炉还在工作时，就用冷水擦拭表面。这样做的结果就是因为热胀缩，导致晶化陶瓷板爆裂。它的危险指数是三颗星。

（5）电磁炉周围不通风。由于电磁炉内部有电扇散热，所以当散热受阻后，内部的温度因为太高，容易引起爆炸。它的危险指数是四颗星。

（6）电磁炉使用寿命为3年左右，超长使用，或电磁炉表面出现裂痕，继续使用。这两种情况，都会使内部电器部件老化，外部有破损。这样的做法都会造成受热不均匀，导致爆炸。它的危险指数是五颗星。

温馨提醒：电磁炉工作的时候，一定要将它放置平稳，否则电磁炉会发生轻微震动，将上面加热的食物连同锅具震荡下来，引起烧伤等问题。

当然，还有一点就是，购买所有电子产品，都不能贪图便宜，要买正规厂家的合格产品。使用前，也要认真阅读说明书，这样才能更好地把危险降到最低。

55.电水壶漏电要注意

电水壶，各地方有各地方的叫法，有些地方还称它为“热得快”，也有些称“随手泡”。

光从这些叫法上就能知道它的优势所在：从加热速度上来说，它比燃气、电磁炉快；从节省角度来说，它是直接加水，没损耗；从卫生健康角度来说，它不像饮水机一样反复烧，不会产生有害物质；从安全角度来说，电水壶水沸以后就会断电。

所以，电热水壶成为各大宾馆必备的设备之一。而很多单身者，也都会用电水壶来烧水，因为它用起来非常方便。

但是，用电水壶安全吗？我们知道，但凡跟电沾边的物品，多多少少都是带有些隐患的。

为了查出隐患，我们先看看电水壶的工作原理：

电水壶里有一个加热器，同时还有一个金属感温片，当水沸腾后金属感温片就会利用杠杆原理，切断电源。也就是说，电水壶烧开水，不会反复烧。

看完它的工作原理，是不是看出它的隐患所在了？当电水壶是个优质合格产品的时候，它一定是安全的。但如果加热器密封不合格，很可能把电导入水中，而水本身就是导电体。这样，电水壶无疑也就成了一个“放电壶”！

电水壶的另外一个核心“技术”就是那个金属感温片，我们知道金属是有疲劳期的，如果长期使用，就会老化，所以金属感温片的寿命基本上就等同于电水壶的寿命！

这么一说，我们知道了，电水壶有没有安全隐患，主要要看买的产品质量好不好，合不合格。

所以我们在购买电水壶时，首先要看标志。水壶上如果贴有“CCC”标志，就说明它是合格产品；此外，我们还可以现场烧水实验一下，看壶体是否漏电；再简单一点，我们看看电水壶整体的密封性怎么样。质量好的产品，从整体上一看，都会觉得安全稳当。

当然，再好的产品，也是经不住“乱折腾”的，所以在使用电水壶时，也要注意以下几点：

（1）先装水，再通电；先断电，再倒水。这个顺序千万不要混淆，如果混淆了，很可能使电水壶的发热器烧坏。这样，电水壶也就报废了。

（2）注水线是有其存在意义的。最好每次加水就加那么多。如果加多了，水容易溢出来；加少了，很可能又会导致干烧，损坏加热器。

（3）电水壶外的各个电源配件，最好能保持干燥。如果不能保持干燥，电水壶的寿命短不说，还可能产生漏电的危险。

（4）电水壶就是电水壶，不要用电水壶来煮泡面、咖啡、茶叶等，因为它很容易会腐蚀里面的配件，造成危险。

（5）不要直接去摸壶体。电水壶里的水已经烧沸了时，千万不能直接去摸壶体（尤其是不锈钢电水壶），不然会被烫伤的。把柄才是我们手握的地方。

生活小常识：

当电水壶使用一段时间后，发出的噪声往往会变得很大，原因就是壶体内生出了水垢，水垢不仅加重噪声，还会导致热传递降低，也就是费电，所以在此提供一个最安全、最给力、最方便的除水垢大法：

电水壶内加水和10%的醋（白醋、食醋皆可），然后正常烧水。放置1小时左右，把水醋混合体倒掉，再用清水冲洗壶内壁即可。

56.触目惊心，咖啡机里水垢多

如果在咖啡馆里喝到过正宗的咖啡，那醇厚香浓的味道一定会让我们对速溶咖啡退避三舍。

也正因为这样，很多人改掉了喝速溶咖啡的习惯，买个半自动咖啡机放在家里。想喝时，随时可以现磨咖啡，精心泡制。这样就能很快喝上纯正的、美味咖啡了。

可在我们使用咖啡机和享受美味咖啡的时候，有没有意识到咖啡机里，也许还隐藏着很多隐患、弊病。

简而言之，咖啡机很可能不适合家庭使用。

真是这样吗？

市面上现在最常见，也是居家中最常用的咖啡机是美式滴滤壶。它的工作原理简单到一句话就可以概括：一个电热水壶外带保温效果，中间加一层过滤咖啡粉的滤网，热水从滤网上渗透，萃取咖啡。

这么简单的操作过程，如果还告诉大家，这种咖啡壶并不是很安全，大家又会有什么反应？

肯定是不相信吧！

那现在就告诉大家，在使用咖啡机时，如果没有严格按照说明书来做，清洗的时候也没注意，便会导致以下危险：

（1）如果把咖啡机整体放进洗碗机去清洗，很可能会导致漏电！

（2）在清洁机器的时候，如果没有拔掉电源开关，会导致什么结果不用说大家也会知道。

（3）机体部分如果用水洗了，还需要用抹布来擦拭干净，保持一定的干燥。

（4）一定要注意电源线，千万不能让它打结。因为电源线损坏了就会导致漏电！

除了以上的漏电危险外，如果在使用完咖啡机后，没有把滤网拿出来清洗干净，咖啡机里很可能会积上水垢。

那么，下次煮出来的咖啡味道不仅不好喝，很怪，而且这些水垢对身体也是有一定危害的。

咖啡机里的水垢和电水壶里的水垢一样，都是有致癌危险的。

首先，它容易造成肠胃消化和吸收功能的紊乱及便秘。而且长期喝带着水垢的咖啡，胃炎及各类结石的发病率就会提高。同时，牙垢、牙周炎也经常由水垢引起。

同时，水垢不溶于水也只是相对的。当水加热后便有部分沉淀会溶解。这会把形成沉淀的重金属离子重新带入水中，使水中的重金属离子的含量超过卫生标准的要求，危害人体健康，如碳酸钙、碳酸镁在人体内大量沉积易形成结石。

这么一说，大家是不是又不敢买咖啡机，不敢自制咖啡喝了？

大可不必，只要我们能及时除垢，我们还是可以用咖啡机，自制美味咖啡的。

那要如何给咖啡机里的水垢除垢呢？

方法也很简单，不加咖啡粉，加入水和少量的醋，煮上几分钟后进行静置，最后再用清水再煮水一次。这样，咖啡机里的水垢就会完全消失了。

解决咖啡机使用中问题的小常识：

1）咖啡机不工作，指示灯不亮

咖啡机坏了吗？不见得，多数情况是电源开关损坏了，更多的时候问题还可能出在电源插座上。检查一下电源插座，若无问题，就得送修，更换电源开关。

2）指示灯亮了，但咖啡机还是不工作

咖啡机内部出现了短路，这个时候不要再使用咖啡机，应该到专门的维修点进行检查。

3）咖啡机正常，指示灯不亮

指示灯坏了，需要更换，自己不行，就送修。

4）咖啡中有大颗粒

检查滤网，或更换滤纸，这个自己就可以在家操作。

57.烤面包机，烤出来的危险

烤面包机越来越受到大家的喜欢，特别是年轻人。喜欢睡懒觉，没时间做早餐的他们，有了面包机后，每天一早爬起床，在洗过脸和手后，就可以把面包放进面包机，然后自己做上班前的准备工作。

等到一切准备好，面包也就从烤面包机里蹦出来了，黄灿灿、香喷喷的面包，绝对诱人。

烤面包机有个很洋气的名字“toastmachine”，被我们翻译为“多士炉”。

多士炉好用，可如果不注意，也会引发很多的安全隐患。

我们还是先来看一下多士炉的工作原理：多士炉内的通电线圈会发热，利用红外辐射对面包进行烘烤。

简单一点来说就是：面包是被“电”烤熟的。

知道了这个原理，我们就设想一下每个“懒虫”烤面包的经过，就能知道隐藏在烤面包机里的危险是什么了。

“懒虫”们通常只有闹钟才能叫醒。然后他们很可能会闭着眼下床，靠着习惯迷迷糊糊地下床，出卧室，走到冰箱前，打开冰箱门，取出面包片，然后放进面包机里，在设定了时间后，又闭着眼去刷牙、洗脸……

还处在迷糊中的他们，很可能还没完全清醒过来，当然也早都忘了正烤着的面包。

直到闻到越来越重的焦煳味时，才想起面包机里的面包，而在拿出来时，已经烤糊了。

当然，这还不是最糟糕的。最糟糕的是，在慌乱中，把湿毛巾放在了面包机上，引发火灾……

这种火灾隐患，是很多使用面包机的上班族们经常或难免遇到的危险。

多士炉安全使用第一守则：面包机周围不要放置任何易燃的纤维制品，以免引发火灾。

当然，还有可能，眼看着上班就要迟到了，但面包还没有从面包机里弹出来，怎么办？顾不了那么多了，赶快拿着金属叉子去夹面包机里的面包，试图把它弄出来。

结果可想而知，肯定被“电”到了。

多士炉安全使用第二守则：不要用金属等导电的物品去触碰正在工作的多士炉，它带电。只是被“电”到还不算太糟糕，如果不幸直接拿叉子去取卡在面包机里的面包。那这样的后果嘛——肯定是不能上班了，因为很有可能被电晕。

多士炉安全使用第三守则：遇到面包被卡，先断电！

当然，以上这些危险，是因为我们使用时不注意造成的。如果我们操作时注意，这些危险都是可以避免的。

不过，这也并不意味着就绝对安全了。

因为烤制的面包中含有苯并芘和丙烯酰胺。这两种物质都是来自于烤焦的食物中的致癌物质的。所以，如果长期大量食用烤焦的面包，患癌症的风险也会大大增加的！

为了自身的安全健康考虑，每次烤面包的时候，不要力求烤焦，尽量让它停留在1—7的刻度上，不超过5最好。

不要把涂了奶油的面包放进多士炉里烤，多士炉只“吃”干面包片，带奶油的面包片会让面包机的寿命缩减。

生活小常识：

多士炉不能放在水中清洗；尽可能每周清理一下托盘里的面包渣。

58.榨汁机里小心榨出“毒果汁”

如今越来越多的家庭购置了榨汁机，觉得喝新鲜的水果汁既美味又方便。这也成了很多年轻人崇尚的健康生活。

当然，并非只有年轻人喜欢用榨汁机。更有一些老人，他们习惯把水果和蔬菜及五谷杂粮都用榨汁机打成糊状食用。说这样既方便又有营养。

确实，榨汁机的好处一目了然。在外面喝一杯果汁又贵，还不一定是纯果汁。即使真是水果榨出来的，这水果也可能没洗过。所以在自己家里榨水果更保险。

果汁不仅让我们大饱口福，还为身体提供健康不可缺少的天然化合物，包括果糖、酶、矿物质、有机酶、胡萝卜素、蛋白质与维生素。长期服用果汁会使消化系统、膀胱与呼吸系统患癌症的危险降低一半，有时还能有效防止动脉硬化与冠状机能不全。

不过，榨汁机虽好，果汁虽好，但当我们碰上了“山寨”的劣质榨汁机，那出来的果汁，是否有营养不要说，还可能给我们的身体造成危害。

因为这些便宜的榨汁机，在选材时，很可能偷工减料。

比如，榨汁机里的电动转机与刀具结合处使用了劣质塑料，它们在受热分解后会产生有毒的物质，从而污染食品。用这种榨汁机榨出的可不是健康美味的果汁，而是“毒果汁”。

那要怎样预防这种现象呢？购买榨汁机时，就要把好第一道关：

（1）闻一下榨汁机的味道，如果有刺鼻气味，那毫无疑问就是使用了劣质的材料。

（2）看一下外观，如果外观有大量的瑕疵，那其内部元件也不会好到哪里去。

（3）拆看一下里面的配件，看滤网是否细腻，电源开关是否完整。

（4）通电后，可以现场试用一下，看看噪声是否很大。一般说来转速均匀、噪声小、榨出的果汁无异味的，就是优质的榨汁机。

（5）质量好的榨汁机会设计专门的电源线储藏格，方便日常使用。

（6）购买前，首先要在卖场仔细询问导购人员，让他们给讲解一下使用注意事项。这样再看说明书的时候，也会加深印象。

温馨提醒：最好能选择使用方便，清洗方便的榨汁机。因为这样才能减少我们将其搁置不用的可能。

在使用过程中，也有一些安全隐患存在：

（1）主机不能进水，否则会有漏电隐患。

（2）在日常清洗时，千万要小心榨汁机里的刀片，很锋利的。

（3）不要让硬物进了榨汁机，否则会有危险。

（4）在榨汁的过程中，如果出现了奇怪的噪声，一定要断电，并停止使用，进行维修、保修。

（5）榨汁机不宜长时间地持续工作，否则会烧坏机子。

（6）榨汁机不是玩具，一定要远离儿童。

（7）不使用时，要先断电，然后再进行清洁，清洗干净再风干后置于阴凉处。

谨记：榨汁前，先盖上盖子，再开电源；榨好后，先关了电源，再打开盖子。次序不能乱，乱了很可能会触电。

59.豆浆机里也有黄曲霉素？

豆浆机已进入千家万户，常喝豆浆的好处妇孺皆知，豆浆能延续衰老，更让想让青春永驻的女士们趋之若鹜。

可一条消息又让她们的内心开始忐忑。

“豆浆机里有黄曲霉素！有害健康！”

虽然不知道什么是黄曲霉素，但听着心里还是怕怕的。

那我们就先来了解一下这个黄曲霉素吧。

黄曲霉素是生长在食物上的黄曲霉菌和寄生曲霉菌的代谢产物。几乎每一种食物在一定的温度和湿度下，都会产生黄曲霉素。黄曲霉素具有极强的致癌性，人如果长期摄入黄曲霉素就会诱发肝癌，这是目前公认的最强的致癌物质！

黄曲霉素的最佳载体是花生、玉米、大豆、黄豆等。

现在知道豆浆机和黄曲霉素的关系了吧。因为黄豆把黄曲霉素和豆浆机这两种看似完全不搭界的东西联系了起来。

如果豆浆机榨完豆浆后，机子里没有储存的豆浆，那么，黄曲霉素应该也没藏身之处。可是偏偏豆浆机里有网罩，网罩是黄曲霉素藏身的死角。即使没有网罩，刀头上也有一些卫生死角吧？

有了这么多隐藏在暗处的死角，如果做过豆浆后，没有及时彻底清理，剩在那里的黄豆就会腐烂，产生出黄曲霉素。这样一来，我们每次喝到的就不单单是豆浆，还有一些黄曲霉素能导致癌症的黄曲霉素。

有人又说了，豆浆机不是高温煮豆浆吗？难道高温都不能杀死黄曲霉素？

结果很令人难过。高温确实无法杀死黄曲霉素。

黄曲霉素是个“顽主”，它的化学性质非常稳定，不是太怕热。280℃以上的高温才会破坏它。100℃的时候，即使连续煮20个小时，黄曲霉素依然健康茁壮。

想想看，豆浆机煮熟豆浆的温度能达到280℃吗？

所以要想防止喝下致癌的黄曲霉素，肯定也是没有捷径的，只有清洗豆浆机：

1）即用即洗

每次使用完豆浆机后，可以趁热将豆浆倒出，然后等豆浆机自然冷却之后，再用豆浆机专用的棉布将内部擦拭一遍，再把颗粒较大的豆渣擦去，最后用湿抹布清洗内壁的每一个角落。做完这些后，也就可以擦干，开盖通风晾干了。

2）分开洗

豆浆机是不可以将其整体放进水里清洗的。清洗时，可以把刀具、机头和加热管取下来分别清洗。开关、机头上部、电源插座处千万不能进水。

3）网罩彻底洗

有网罩的豆浆机，网罩是豆渣残留最严重的地方，最好在流水下清洗彻底，然后风干。

4）豆垢轻轻刷

当豆浆机内出现豆垢的时候，可以用小刷子轻轻刷几下，或买专业的豆浆清洗剂进行清洁。

5）清洗防霉又保养

清洗到位，不仅能预防黄曲霉素等有害菌，而且还能延长豆浆机的使用寿命。

如果按照以上的清洗方式和保养方式做了，肯定也就无豆垢之忧，更不可能有黄曲霉素产生了。

60.不清洗的抽油烟机，危害在于油烟

有人说，之所以女人婚后会变成黄脸婆，就是因为每天烧菜时，她们的皮肤吸收了油烟。也有人说，炒菜产生的油烟是导致肺癌的罪魁祸首……

这两种说法对吗？油烟里到底有什么？

油烟中含有：醛、酮、烃、醇、脂肪酸、酯、内酯、亚硝胺等。这些物质多少都具有致癌性。

有人又说了，不怕，我们不是有抽油烟机吗？炒菜的时候，只要打开抽油烟机，多少油烟都会被抽走的，油烟抽走了，油烟里的致癌物不也就抽走了吗？

于是，这些人会把厨房搞得一尘不染。

只是油烟机真能把油烟抽得那么干净吗？有了油烟机，我们就真的安全了吗？

当然不是，即使在炒菜时，打开了抽油烟机；即使连抽油烟机上的油污，也被清理得干干净净，可保不准厨房里的油烟，还是存在的。因为抽油烟机不是万能的，不是说抽就能抽干净的。即使真抽干净了，也可能在抽烟机上有残留油烟。

当残留油烟成为油污后，油污经过再次遇热，就会变成焦油等致癌物质，其危害性远比一般刚产出的油烟更大。这些焦油物质被人体吸收后轻则引发肺病、皮肤疾病，神经系统问题，以及失眠、烦躁等，重则会诱发更年期综合征，甚至还会引发肺癌。

因此，从某种程度上说，抽油烟机里的油污残留越多，人在使用抽油烟机时罹患肺癌等疾病的风险就越大。

而且，这些油污是具有一定腐蚀性的。如果长期不清理，不仅会危害人体健康，还会腐蚀抽油烟机内部的元件，让它们变成火灾的隐患。

为了把抽油烟机里的残留油污清理干净，一般情况下，每天在家烧菜一次的家庭，10天左右就该清理一次油网。

为了彻底清理干净，在清洁抽油烟机时，需要注意一些小细节：

1. 不要拆洗抽油烟机

很多人觉得自己把抽油烟机拆开才能彻底清理干净。但抽油烟机是电子设备，它运转起来的时候会有震动。如果经常拆开再装上，在这个过程中，会无形中将抽油烟机内部的元件变松弛，一旦再次启动，很可能导致噪声变大、抽油烟时不给力等情况，反而无法彻底清理。

2. 不要等到年底再清理

一些有经验的主妇一定知道，每次在刚炒完菜后，溅在锅灶周围的油滴是最好清理的，只需要用抹布擦一下就干净了。如果当时不注意，等到几天后，甚至几周、几个月后，清理起来就麻烦了。

所以对待抽油烟机也一样，最好每隔一两天，在做饭结束后，用那种免拆洗的抽烟机专用去污喷剂，在抽油烟机的油网上喷一下，然后去做自己的事，等做完其他事回来，再用抹布一擦就干净了。

3. 抽油烟机也是有寿命的

一般来说，抽油烟机如果经常使用的话，4年左右的时间就可以淘汰旧的，更换新的了。如果质量较好的抽油烟机，倒可以延长使用到6年。

抽油烟机防污小窍门：

新的抽油烟机，在未使用前，可以先用蘸了清洁精的抹布将整个抽油烟机擦拭一遍。

这样做，犹如给抽油烟机做了一个防油的SPA。等到下次清理的时候，我们就会发现，油污很好清理，清理结束后，可以再用蘸了清洁精的抹布将整个油烟机擦拭一遍。

61.藏污纳垢的太阳能热水器

太阳能热水器，很多人应该都不陌生。即使没用过，但也是知道它的使用原理的。

太阳能热水器，顾名思义，就是吸收太阳的热量来给水加热。这应该是最天然，最环保，无污染的！更重要的是，它不需要花钱买。所以太阳能热水器在使用时，比电热水器和燃气热水器，要安全，更省钱。

是呀，想想看，全部都是天然的，能有危险吗？它既不用电，也不用燃气，当然也就不存在触电、爆炸、火灾等隐患了。

但没有电和燃气，就能说明它绝对安全了吗？

当然不能。

看一些媒体报道就会知道，太阳能热水器厂家还是经常被投诉的，而投诉的主要原因是因为烫伤。

“烫伤”？这种说法肯定会引来非议。

不相信的人会说，“太阳能是一种自然能源，给水加温的能力有限。”

其实这种想法有失偏颇。因为太阳能热水器在夏天可以将水加热到80℃，也就是水已经快到沸点了！而且品质合格的太阳能热水器的保温效果是非常好的。一天之内，它的水温不会下降超过5℃。

因此，白天如果晒够了太阳，那晚上太阳能热水器里的水，是绝对可以造成烫伤的。所以在使用的时候，我们要先把凉水放出来，等到温度升高后一定要及时下调水温。只有从思想上认识到太阳的威力，才不会疏忽大意被烫伤。

太阳能热水器除了会造成烫伤外，太阳能热水器里的水，也是存在一些潜在隐患的。

（1）因为太阳能热水器里的水，无论是用还是不用，只要有太阳光照射，它基本上都会保持在60℃左右。这种温度的水，恰好非常利于细菌繁殖。此时，太阳紫外线又照射不到水体，所以根本无法杀菌。

（2）同时，太阳能热水器里的水经过反复加热后，就会产生硝酸盐和亚硝酸盐等致癌物质。

（3）太阳能热水器在使用一段时间后，会在内壁形成大量的水垢，水垢成分有钙镁盐类，也有泥沙和细菌。

生活小常识：

那些从太阳能热水器中汩汩流出的热水里，就是细菌、硝酸盐类、泥沙、钙镁盐类的共同体。它们如果被饮用，就会导致结石病或癌症。

太阳能热水器里的水，如果储存太多，那些由细菌、硝酸盐类、泥沙、钙镁盐类结合的物质就会在我们洗澡时，堵塞毛孔，造成皮肤过敏、发炎。

在充分认识到太阳能热水器中的热水里存在危害人体健康的物质后，就不要犯以下这些错误：

（1）直接饮用太阳能热水器中的水。

（2）用太阳能热水器中的水洗菜、淘米。

（3）几天不使用后，不放水，直接用太阳能热水器中的水洗澡。

（4）安装太阳能热水器时，不安装净水设备或除垢镁棒。

5. 使用3年以上，不到维修部门进行清洗除垢。

当我们发现淋浴喷头被水垢堵塞了，或是加热时间增长了时，就可以考虑在家中进行除垢了，除垢方法是：

①购买专业的太阳能热水器除垢剂→②打开太阳能热水器进水口→③将除垢剂加入存水箱→④待其自动热循环半小时左右→⑤打开排水口，排出污水→⑥再次加满水箱循环2分钟→⑦排出循环水。

62.容易漏电的电热水器

电热水器，很多人一听，会有些怕怕的。因为电热水器导致人触电死亡的事件，发生过几起。

有一次还看到一个新闻，一个刚刚举办完婚礼的新娘子，在浴室洗澡的时候，不幸触电身亡。

房门上还贴着喜字，家里还一派喜气洋洋，参加婚礼的一些亲戚朋友还没离开新娘子就死了，喜事变成了丧事，而导致这场悲剧的就是电热水器。

电热水器真的就这么不安全吗？如何才能不让悲剧出现？

我们先来普及一个常识：水，本身是不导电的。只是我们日常生活中遇到的各种水是有杂质和电解质的，所以才会导电。

所以说，电与水不是构成威胁的主要原因。

而且，随着科技的进步，现在市面上优质的电热水器往往有多重防漏电措施：

电热水器的外壳与热内胆之间有一层绝缘材料，以防热内胆烧坏导致的漏电。

电热水器往往配备的是漏电保护器，如果出现电源线漏电，即可断电。

一般大功率的电器，包括电热水器都是三相插头，其中一项就是地线，可以预防漏电，还可以在雷雨天防雷劈。

所以，如果家里的电热水器，有了以上的三重保护，我们就可以放心地使用了。

当然，对于市面上的电热水器，基本也是各有优劣的，我们在购买的时候，也应该根据自己的实际情况来选择：

（1）即热式电热水器：优点是，省时，即开即热，体积小，水温恒定；缺点，功率大，线路要求高。

这种热水器的适用范围是厨房和卫生间。

适合那种家庭成员比较多，电路比较新，不容易老化的家庭。

它的安全系数是★★☆☆☆。

（2）储水式电热水器：优点是安装简单，使用方便。缺点是占空间，需要预热，而且难清垢。

这种热水器也适用于厨房和卫生间。

适合人群是单身和两口之家。

它的安全系数是★★★☆☆。

（3）速热式电热水器：优点是安全、安装便捷、出水量大；缺点是功率高，需换铜芯线，价格贵。

适用范围是厨房和卫生间、洗衣房。

它比较适合那种家庭经济条件比较好的家庭。

安全系数是★★★★☆。

当然，无论使用哪种电热水器，都需要做好防漏电的准备：

家中的电源，尤其是那种插大功率电器的电源，必须有接地线，而且接地线不允许是空的。

要怎么检验这点呢？

可以用家里的试电笔，将三项电源点都试一下，都有亮灯即可。这是预防电器漏电的第一步，也是最基础的措施。

电热水器要有一个专门的插座，不可以用移动式接线板，那样电线裸露就会存在隐患。而且，电源上最好有防护盖。这样可以预防水溅入插座，导致漏电。

使用电热水器时，不要关掉电源，否则电热水器自带的漏电保护器无法工作。

清洁电热水器时，最好能够断电，然后再用擦拭的方式，切记不可用水冲。

电热水器根据质量，其寿命在6—15年间，如果出现任何小问题，如电源线损坏等，都是应该报修的。

63.燃气热水器超龄使用最危险

我们经常听到使用燃气热水器会导致人员伤亡，但燃气热水器还是被我们广泛使用。

这其中的主要原因是便宜。

将二者的价格相比，电热水器的价格差不多在千元左右，但燃气热水器只需百元左右就能搞定了。而且在很多地区，天然气资源较为丰富，燃气的价格自然也比电便宜。

当然，为了防止燃气热水器导致的一系列意外，很多燃气热水器的排气方式都从直燃式换成了强排式。而一到冬季，每个住宅区都会四处贴着安全用气的告示。

由此也可以说明，燃气热水器的安全隐患不容忽视。

就算是绝大多数人知道使用燃气热水器时要注意开窗通风，以免一氧化碳中毒，但是关于燃气热水器的使用年限，也并非所有人都知道：

《家用燃气燃烧器具安全管理规程》明确规定："燃气具从售出当日起，人工煤气热水器的判废年限为6年，液化石油气和天然气热水器的判废年限为8年。"

那么，燃气热水器在老化以后，会出现哪些安全隐患呢？

（1）安全保护措施失效。燃气热水器在漏气时，是无法及时断气的，所以必须经常检查安全保护措施。

（2）内部元件老化。比如说，点火的位置，很可能因为燃烧时产生的废物，导致不容易打火。在反复打火时，很可能引发气体爆炸。

（3）性能衰退。燃气热水器在燃烧不充分的情况下，不仅会产生废气，而且很可能产生一氧化碳中毒。

（4）出现中途熄火。这很可能会为火灾和爆炸埋下隐患，必须引起使用者的注意，正在使用的，可以停止使用，并认真检查。

（5）我们知道，燃气热水器是有使用年限的，所以当使用已经超过了8年时，请一定要更换，别为了省百元钱，而埋下重大的安全隐患。

（6）如果燃气热水器使用了6年以上，而且出现了以下信号，我们就要当心了，一定要及时找专业人士来维修，或考虑更换。

① 漏气。在使用过程中，如果有煤气泄漏的味道，很可能是气管老化，务必请煤气公司的人员来更换。

② 点火不易。我们可以先进行简单的排除，比如，看电池是不是没电；然后再看水压是不是不够。这些，也都需要请专业人士来维修。

③ 燃煤和火焰窜出。如果燃气热水器出现了这种情况，那就要马上关闭燃气，考虑更换。

④ 燃气热水器的外体已被烧黑，或已经冒出黑烟。这也是需要更换燃气热水器的信号，必须即时更换。

生活小常识：

使用燃气热水器的家庭，如果家中只有一个人，最好不要用燃气热水器洗澡。

刮大风的时候，也要预防排气被倒灌。所以也不要使用燃气热水器。

当我们在使用燃气热水器时，如果稍微感到不适，出现了头晕、头疼的情况，千万不要强忍，必须立即停止使用，及时排除一氧化碳中毒的危险。

64.电冰箱不是保险箱

夏天的时候，很多人从外面一回家，首先做的就是打开冰箱门，从里面拿出冷饮，一口气喝下去。

那该是多么惬意、多么幸福的一件事情。

做得饭菜多了，吃不完。怎么办？有冰箱呀！有冰箱怕什么？可以把剩饭剩菜一股脑儿地放在冰箱，等到想吃时就可以拿出来。

有些人从冰箱里拿出食物，吃前还会蒸一下、热一下；有些人则从冰箱拿出来后，不管不顾，直接往嘴里塞，好像任何食品，只要放进冰箱，就能确保它的安全。

真是这样吗？

非也，**冰箱不是保险箱，不是只要放在里面就安全了。而且由于食物在冰箱的封闭空间里，很多细菌繁殖的速度反而会加快，那些放在冰箱里的隔夜菜不仅不会得到保鲜，反而还会被污染。**

由于工作和生活节奏的普遍加快，我们在生活中一年四季都离不开冰箱了。但长期食用久放冰箱的食物，也就增加了病菌侵入胃部的机会。

所以说，对于那些过分依赖冰箱，把冰箱当做保险箱的做法，当然也是绝对错误的。

因为做熟的饭菜在油、盐等混合下，很容易产生致癌物——亚硝酸盐。亚硝酸盐对健康非常不利。正如一种说法所讲，“一半的癌症是吃出来的”。

同时，如果常吃存放在冰箱里的食物，势必会引起腹泻或其他肠胃疾病。这也就是医生们常说的“冰箱病”。

冰箱病包括：“冰箱头痛”、“冰箱肺炎”、“冰箱胃炎”、“冰箱肠炎”等。

而之所以我们会得这些冰箱病，就是因为冰箱冷藏室里的低温虽然能抑制多数细菌的繁殖，但有些嗜冷菌仍可继续生长。

比如说，有一种耶氏菌在零下4℃仍能繁殖生长，很容易污染冷藏的食物。

此外，如果冷藏温度太低，也容易将蔬菜、水果冻坏，使鱼、肉的鲜度变低。

随着经济的发展和人们生活水平的不断提高，冰箱的科技含量也在迅速提高，外观上也在不断改进。

我们到商场走一遭就会发现，有的冰箱最多竟然有7个门。更夸张的是，许多家庭已经拥有不止一个冰箱。当冰箱的容量越来越大的时候，储藏的东西也越来越多、越来越杂、越来越长，有的甚至早已过了保质期。

所以要想彻底告别这些“冰箱病”，正确的做法是：

（1）适当地冷冻冷藏一些食物和饮料。冰箱里塞的东西不要太多，同时还要注意定期清理、消毒。并且注意冰箱里存放的食品一定要生熟分开，防止发生交叉污染。

冰箱里存放的食物不要太多，东西之间也应该有一定空隙，以利于空气的对流。

（2）冰箱里取出的、不能再加热的食品，也要在室温下放置一段时间，然后再食用。西瓜等瓜果最好是现买现吃。如果一定需要冷处理，在冰箱内放置的时间也不应超过两小时。最关键的是，冰箱存放食物的时间不宜过长，肉类生品冷藏时间一般不宜超过2天；瓜果蔬菜不宜超过5天；南瓜、萝卜、洋葱、薯类、香蕉、罐头等食品不用冷藏，请不要放入冰箱里。

我们知道过度利用冰箱，会让冰箱里放着的食物给我们身体带来危害外，还有一些其他的危险，像在用电上如果不注意，很可能因为接电源不当，危及我们的人身安全。

打个比方，很多人喜欢把冰箱的电源插头和其他家电插头放在一个插座上，目的是为了省事。可实际上这么做，一定会给我们人身产生意想不到的危害。

这些在使用电冰箱时，因为“电”而产生的危险，要想避免，必须注意以下几点：

电冰箱应该放在干燥通风的地方，离墙至少要20厘米，而且还要防止阳光的直射，更不能太靠近热源。

电冰箱要采用有接地或接零保护的三相电源插头。

清理冰箱时，不可用水直接冲洗电冰箱。

千万不要将酒精、轻质汽油及其他挥发性易燃物品存放在冰箱里，以免因为电火花引起的爆炸事故。

为了防止冰箱制冷剂（氨或氟）泄漏引起的中毒，一旦发现冰箱制冷不正常，抑或是直接观察到冷凝管有液油状物泄出时，就要及时进行补漏修理。

65.液晶电视里的辐射

随着科学技术的发展，辐射对于我们人类来说，已经成了很普遍的现象。家里的电器增加了，辐射也增加了，进而催生出无数种的防辐射方法。

辐射是会危害人的身体健康的，这点谁都知道。当然，因为辐射而身亡的两位名人，更是成了身受辐射之害的代表。

邓稼先，因为长期暴露在辐射环境下，并且没有一些好的防辐射措施，因此在他62岁的时候就因直肠癌去世，举国惋惜。

居里夫人，因为发现并分离出镭元素，曾两度获得诺贝尔奖。但因为镭是一种放射性极强的物质，这使居里夫人最终死于由此而引发的恶性贫血。

那让我们先来了解一下辐射吧！

辐射的本质是一种能量。根据其能量以及电离能力的高低，我们又将辐射分为电离辐射与非电离辐射。

这里需要特别说明的一点是：并非所有辐射都具有杀伤性。只有电离辐射才有可能对人体造成伤害，因为它会将物质电离化。

电离化是指：原子在经过外力的作用后（如高能辐射），处于外层的电子摆脱掉了原子核的束缚，使原子成了一个离子。而原子是构成我们身体的最基本元素，一旦原子层面的稳定被打破了，就会出现唇亡齿寒的现象。我们的身体也就有可能因此遭受损害。

那电离辐射通常会在以下哪些场合出没呢？

阳光暴晒、紫外线照射、X光检查、CT断层扫描、癌症放疗、核电站、核武器爆炸、接触放射性元素、电子产品等。

对于大部分人来讲，基本是没有机会接触到那些核辐射以及放射性元素的。但电子产品的日渐日常化，让我们无法避免地接触到了电离辐射。

就像液晶电视，这是我们最常接触的电器，它对我们身体的辐射伤害，也是存在的。既然存在，就不可避免。我们能做的就是看怎么减少液晶电视的辐射？

1．减少灰尘，即就能减少辐射

当液晶电视上蒙了灰尘后，很多人会认为，打不打扫这些灰尘，只是卫生问题。事实上并不是这么简单。

因为灰尘是电磁辐射的重要载体。如果液晶电视不是经常擦拭，那么，即使是关掉了它，电磁辐射是仍然留在灰尘里的，它会继续对我们的身体造成危害。

因此，我们最好能经常去擦拭液晶电视。并在清除液晶电视灰尘的同时，把滞留在里面的电磁辐射一并清除掉。

小常识：灰尘里除了有电磁辐射存在外，还会使电子元器件、电路板和散热器经常超负荷工作，最终导致耗电量增加，甚至会烧坏电子元件。

2．液晶电视旁尽量少摆电器

液晶电视虽然本身的辐射少，但是家电中有许多却是高辐射体。因此，液晶电视附近尽量不要摆放过多的电器，比如，电冰箱和电视机所放位置应该尽量远一些。

这除了能够避免在观看电视时受到这些电器辐射的影响外，还要避免产生磁场干扰。

再比如，电视机与音响音箱需要保持一定的距离，不要靠得太近，因为收录机及音箱中有带有很大磁性的扬声器，并在周围形成较强的磁场，这个磁场也会直接影响到液晶电视的电磁场。

室内不要放置闲杂金属物品，以免形成电磁波的再次发射。

生活小常识：

（1）保持一定的观看距离。电视的辐射范围一般是指长度，液晶电视的辐射范围一般在2米以内，而42英寸以上平板电视的观看距离，只有在2—3米开外才不会受到辐射影响。

另外，如果长时间近距离观看大屏幕就会产生视觉疲劳，因此购买时要考虑房间的大小，不要一味图大。一般观看距离在2—2.5米之间，就可选择29英寸的电视；观看距离在2.5—3米时，就可选择34英寸的产品；3.5米以上可选择37英寸或者40英寸以上的产品。

（2）让绿色植物分担辐射。任何动植物及人体，都有吸收辐射的自然能力，因此我们可以在液晶电视旁放一些绿色植物，以减少辐射。

不过，在液晶电视旁边摆放的绿色植物，也是有一定条件的，不是任何绿色植物都可以放。因为液晶电视很多都不带防水保护，散热栅格内部电路板也会直接与外界空气接触。如果液晶电视旁边摆放水养植物或过多绿色植物的话，势必会带来湿气，也将严重影响到电器的使用安全和使用寿命。

因此，摆放在液晶电视附近的最好是类似仙人球、仙人掌或芦荟等耐旱绿色植物。

（3）边看电视边喝茶。平时多喝绿茶可起到一定的抗辐射作用。绿茶中含有的维生素C、维生素E，特别是茶多酚，具有很强的抗氧化活性，可以清除人体内的氧自由基，从而起到抗辐射、增强机体免疫力的作用。

此外，茶叶中含有胡萝卜素，它在肠壁和肝脏的作用下，可以转变为维生素A，而维生素A具有滋养眼睛、缓解眼睛疲劳、预防夜盲症的作用。

除此之外，电视屏幕产生的辐射也会导致人体干燥缺水，加速老化。因此，在看电视的过程中不妨泡上一壶茶。这样既可以抗辐射又可以给身体补水。如果不习惯喝绿茶，喝菊花茶同样也能起到抵抗电脑辐射和调节身体功能的作用。

66.洗衣机隐藏的健康危险

目前,洗衣机应该是我们每个家庭必备的电器之一。

如果说洗衣机里隐藏着很多我们平常不注意的安全隐患，大家是不是不相信呢?

那么我们好好回想一下，我们通常在用洗衣机洗完衣服后，是不是先要把洗衣机的机器盖或者舱门关闭？因为在我们的心里认为，洗过衣服的洗衣机，经过了水和洗涤用品的清洗，里面一定已经很干净了，所以只需擦拭洗衣机外面就行。

可是，刚刚洗过衣服的洗衣机里面，真的就很干净吗?

前些天看了个生活常识调查，说新的洗衣机在使用5个月后，内桶里的真菌较比以前增长很多，尤其是一些住在楼房一层住户的一些洗衣机，里面的真菌尤其多；同时，即使天天使用的洗衣机，也会滋生细菌；洗衣后开盖的洗衣机比不开盖的洗衣机细菌大约减少40%。

为什么会这样呢?

原来，洗衣机内部的环境是温暖潮湿的，在它闲置几天之后，就会滋长出大量真菌。使用间隔时间越长，它内部滋长真菌的数量也就越多。

所以如果我们长时间使用有真菌的洗衣机洗衣服，就很容易导致交叉传染，引发各类皮肤疾病。

注：洗衣机在使用一两个月的时候，最好用杀菌剂进行彻底的清洗。

当然，除了真菌能够给我们的身体带来一些危害外，还有一些我们平常不注意的细节，也会给我们的健康造成威胁：

1. 一水洗到底

有些人在洗衣服时，为了节约水，一盆水通常是先洗内衣裤，然后洗外衣，最后洗袜子等杂物。一盆水洗到底，又脏又黑。

这样虽然保证了先洗衣服的洁净，可是最后洗的衣服，污染却是很严重的。特别是袜子和女性的内衣裤的混洗，危害会更大，严重时还会引起女性阴部疾病。

2. 长时间不清理洗衣机

有些人家的洗衣机，从来都不会清洗。因为在他们的意识中，洗衣的过程也是清理洗衣机的过程。所以只要洗衣机转得动，就不会想到排查、清理。

实际上，如果排水处的内壁积满了布屑和污垢，就会滋生不少病毒、细菌。洗衣服时，这些污物和细菌也就会沾染到衣服上。

3. 过量使用洗涤剂

不少人在衣服很脏的情况下，就会过量使用洗涤剂。但最后的漂洗时间又不够，很容易使衣服上残留一些洗涤剂。洗涤剂大多是烷基苯类化合物，它们对皮肤有一定的刺激性，严重者还会影响肝脏功能。

4. 所有衣物一起洗

有些人为了图方便和省事，会把所有换下的衣物集中一起放进洗衣机里洗。在洗衣机的搅拌、摩擦过程中，衣物上的细菌、颜色、脱落的纤维，都会不可避免地相互污染。

温馨提醒：有去干洗店洗衣物习惯的朋友，一定要清楚，在干洗店洗衣服，隐藏的健康威胁更大。因为不管是健康的、有病的，甚至有传染病的人的衣物，都会放在一起洗。这样导致的细菌、病菌更多。

除了病菌、细菌危险外，还有一些安全危险，比如：

（1）触电危险：所以一定要记住，在拔电源插头的时候，千万不要采用拉电线拔插头的方法，也不要用湿手去插／拔插头。

（2）爆炸危险：在洗一些含有溶剂的衣物时，非常容易发生爆炸危险。如果没有专门的羽绒服洗涤程序，使用洗衣机洗涤羽绒服极易产生爆炸，切记。

（3）烫伤危险：在进行高温洗涤时，洗衣干衣机舱门玻璃会很烫，极易产生烫伤危险。当机器排除热水时，使用若不小心，很容易烫伤。

（4）受伤危险：如果机器仍在转动，请勿触摸内筒。因为高速运转的内筒极易使手部受伤。

67.音响可致人耳聋

有多少人知道，音响声音过大也会导致耳聋?

如今，在家里看电影的人越来越多。家里的环绕立体声、超重低音的音响效果不比电影院里的差。而据一些临床医学资料统计，在80分贝以上噪声环境中生活，造成耳聋的可能性达到了50%。

80分贝的噪声，是相当于一台割草机发出的声音，这个分贝能直接损伤听力。一份医学研究表明，家庭噪声是造成儿童聋哑的病因之一。不仅如此，噪音还能影响儿童的智力和身体发育。

20世纪60年代后期，摇滚乐和迪斯科音乐开始在欧美流行，并逐渐在我国流行。

现代高音响声乐和现代化电器音响设备的逐渐普及，使人们在欣赏这种音乐之外，对人们的身心也造成了一定危害。

去过舞厅的朋友应该都有同感，那大功率的低音扬声器把打击乐从不同角度扩送到我们耳边，那震耳欲聋的声响，在给我们带来一种刺激的同时，也给我们带来了一种伤害、一种致病源。

所以也才有了“现代音响病”这种说法。

“现代音响病”是节奏强烈的现代音响造成的，严重时可导致急性感音性耳聋。

超过85分贝以上的音量，是会对听觉神经带来损害的，而高频率的立体声音响的最大音量在达到130分贝以上时，如果长期接触这些，必然会引起急性感音性耳聋。

通常患急性感音性耳聋的人，发病都比较急。

大多数人是在听音乐后即刻就发生的，其症状除自觉有耳聋外，还会伴有耳鸣和脑晕。

同时，节奏强烈的现代音响还会导致耳塞机综合征。

随着现代化的电器音响设备的越来越普及，那精致小巧的双声道立体声放音机，深受一些年轻人的喜欢，尤其是那些爱好音乐的年轻人，简直都着了迷。他们不论是在走路、骑车，还是吃饭、做功课，甚至睡觉时，都会戴着耳机收听，并且把音量开到很大。

于是，不久后他们就会发现，自己出现了耳痛、脑涨、头痛、眩晕、烦躁、恶心、血压增高、心跳加快、肌肉紧张，注意力不容易集中，反应迟钝、思维能力成退等症状。

这就是“耳塞机综合征”的表现。

笔者看过一些资料，说格拉里戈曾用了7年的时间，调查4000多名经常戴助听器、收音机耳塞和音译器耳塞的人。其中有3700人出现了原因不明的听力减退、辨音不清和耳膜异常。

而当他们停止使用耳塞机以后，症状也就慢慢减轻或彻底消失了。

造成“耳塞机综合征”的原因，一是音量过高，二是音量直接传到了耳内。据测定，现在耳塞机的低音量是85分贝，最强则可以达到130分贝。

耳朵长期直接接触这种有害的声音，怎么可能不造成危害?

那我们要怎样预防这些音响病呢?

（1）收听音响的时间不要过长，每次不超过半个小时。

（2）音量不能太大，要尽量控制在最大音量的1/4—1/3内，并要以柔和和不刺耳为宜。

（3）对于节奏强烈的音乐，还是少听为好。

（4）每次听完音乐后，要养成把音量旋钮调到最小的习惯，以免在下次开机时，因为音量过大，惊吓了自己和邻居。

听音响又不伤耳朵的小窍门：经常做一些耳部揉捏动作。这样可以改善耳朵的血液循环，使耳膜保持良好的功能状态。

具体做法：用手指不断地挤压和放松耳屏（小耳朵）。并不时地做一些一压一松的动作。

68.饮水机里的"污染水"

在现代生活中，桶装饮水机无论是在家庭还是办公室、公共场所都非常普遍。

之所以普遍，是因为大家觉得桶装水最安全，喝起来最放心。

然而，当我们享受着饮水机带来的饮水便利时，有没有想过，这台饮水机有没有清洗过？多久清洗过？它干净吗？

在我们去饮水机处倒水的时候，稍加注意就会发现，底座上满布了青苔。

底座上能有青苔，可想而知，它有多久没被清理了。

而据说，如果饮水机三个月不清洗，所谓的密闭就只能成为笑话，因为里面已经有大量的繁殖病毒和细菌存在。

由此可见，饮水机看似能让人喝上好品质的水，实则它的"二次污染"很严重。

所以，饮水机应当定时清洗，特别是它的一些"盲区"。

市面上的桶装水在质量上参差不齐。但不管桶装水的质量怎么样，假如不给饮水机经常"搞卫生"的话，它和一个常年不洗澡的人一样，是会生病的。而它的"生病"，必将导致我们生病。

所以要时常清理饮水机。

我们只要稍微留意就会发现，几乎所有的公司、单位、写字楼、商场的饮水机都是没有清洗的，甚至可以说，人们根本没有清理饮水机的意识，那也就根本谈不上怎么清理饮水机了。

现在教大家一些清理饮水机的方法：

通常，饮水机的主要清理部位是：出水接口和水桶的底盘及内胆。它的常用清理方法有两种：

（1）用消毒液进行清洗。消毒液在一些专业市场上有卖。对于水垢类的清理，可以选择酸性洗涤剂。

（2）浓柠檬水清洗。这种清洁剂的清洗效果不错，不过，不管是用哪种清洁剂，使用后都要用洁净的桶装水冲洗饮水机，直到把消毒药水的残留物冲洗干净为止。

同时，对于已开封的桶装水，在放置超过15天后，最好不要饮用。因为长久暴露也会导致饮水机里的杂质、细菌丛生。

况且冷热水胆3个月不洗，肯定会大量的繁殖细菌病毒，比如，大肠菌群、粪链球菌、双歧杆菌属、肠道病毒、大肠杆菌噬菌体、沙门氏菌属、葡萄球菌属、副溶血弧菌等。

此外，饮水机里，还有一些水生的真菌、放线菌和红线虫沉淀残渣、重金属甚至滋生红虫，这些都能在长期不清洁的饮水机中滋生。

饮水机是利用空气压力的原理运行的。空气中含有的细菌、灰尘和其他有害物质均有可能通过透气孔进入饮水机的内部。

饮用“污染水”会引发多种疾患，如消化、泌尿、神经系统等病。

同时，由于饮水机内的储水胆、底座或冷热水管中均有反复沉淀水中所含的杂质，都会形成水垢。况且，在对水进行反复加热后，这些水垢会不断加深变厚。

喝水时如果经常喝下水垢颗粒，就会刺激肾结石、尿道结石的发作。

值得注意的是，虽然饮水机的热胆材质号称采用了不锈钢制成，但实际上为了达到耐腐蚀的目的，很多热胆都添加臬的成分。臬属于重金属，如果长时间加热，溶于水后则可能产生毒性。

此外，热胆可以制造硝酸盐，长时间加热后，硝酸盐在遇到含铁、铝等的水后，会变成亚硝酸盐，有致癌风险。

对于单位或公共场合的饮水机，可以请专业清洗者来定期清洗。

清洗过程也分很多步骤：清洗、消毒、灭菌、除水垢和杂质。只有全部做到，才能保障清洁干净、彻底。

生活小常识：

如果是家用饮水机，清洗步骤可分为：①切断饮水机电源；②从出水口将饮水机内余水排尽；③清洗饮水机外部和底座接口；④将专用清洗消毒液倒入贮水罐；⑤10分钟后，开启红、绿放水龙头直至消毒液放完；⑥打开机器背部或底部放水阀将饮水机内的消毒液排尽；⑦用开水或纯净水反复冲洗几次，直至完全无味；⑧拧紧放水阀，消毒灭菌操作程序完成。

69.空调机里有病菌

夏天的时候，没有比坐在空调房里更让人感到舒适的了。因此，空调成了人们度过暑期的重要手段。

天热了开空调，用冷风；天冷了开空调，用热风。

总之，空调对于许多人来说，除了春、秋两季不用外，其余时间都在用。可大家只知道来用它，对它的保养和清洁却知之甚少，大家不知道空调里是藏了很多病菌的。

大家一定很不愿意相信这个事实吧！但这是真的。

我们不知道，在我们使用完空调后，它的过滤网和散热片处储存了大量的病菌。

因为散热片是空气在空调中的必经之处，空气中的灰尘、污垢不断地积累在散热片上，再加上空调冷凝水造成的潮湿环境和空调运行时适宜的温度，导致了病菌的大量滋生。空调散热片上面的细菌总量也会高达160000个／c㎡。

在我们很多家用空调器散热片上，“蜗居”着大量的蜡样芽孢杆菌、真菌、金黄色葡萄球菌等致病菌。如果我们不注重对空调器的清洁和消毒，很容易引发呼吸道感染、过敏性鼻炎、哮喘、皮肤病等。

世界卫生组织已经将室内环境污染列入人类健康十大杀手之一了。有关数据也显示，室内空气污染的程度会高出室外污染的5—10倍，全球4%的疾病都与室内空气质量有关。而在导致室内空气污染的众多污染源中，空调的污染不容忽视。

所以为了家人的身体健康，我们在关注室内空气的同时，也要警惕空调的污染。

空调在使用一段时间后，过滤网、蒸发器和送风系统上会积聚大量的灰尘、污垢，产生大量的细菌、病毒。这些有害物质随着空气在室内循环，污染空气，传播疾病，严重危害人体健康。而污垢会降低空调的制冷效率，增加能耗，缩短空调的使用寿命。

因此，空调在使用一段时间后或换季停机时，就必须对它进行清洗了。只有这样，才能保证我们拥有一个健康、清新的空气环境。

现在对分体式空调和柜式空调的清洗方法做一些介绍：

分体式空调清洗方法：断开空调电源，打开盖板，卸下过滤网并洗去灰尘。

可以将专用泡沫清洗剂摇匀后均匀地喷在空调蒸发器的进风面。如果里面的污垢过多，可以先用湿布抹去，或者用少量清水冲洗。随后再装上过滤网，合上面板静置10分钟后，再开启空调，并把风量及制冷量调到最大，保持开启空调30分钟后就可以了。

柜式空调清洗方法：先将柜机的面板拆下，找到空调的蒸发器。

然后将专用泡沫清洗剂摇匀后均匀地喷在空调蒸发器上，然后盖上面板，静置10分钟左右，随后开启空调并把风量及制冷量调至最大，保持30分钟就行了。为了避免出风口吹出一些泡沫及脏物，可以用一块湿布盖住出风口。

在对空调清洗后，空调蒸发器上的灰尘、污垢、病菌也就不见了。空气随即会变得清新、洁爽。这样的好处，不仅仅是健康，也会让空调使用时省电，一举两得，何乐而不为?

70.取暖器也会伤眼睛

外面北风凛冽，室内热气腾腾。无论什么年代，人们都在用各种方法取暖，保持着室内的温度。

过去，人们多数会用炭炉、煤炉等取暖设备；现代家庭则用石油气暖炉、电暖炉及其他暖气系统来取暖。

当然，无论用什么方式取暖，注意室内的湿度是必需的，否则会有增加火灾及增加感染疾病的机会。湿度的缺失，还容易使我们的容貌过早衰老。

为什么取暖不注意调整室内湿度就会有那么多的危害呢?

要想明白这个问题，我们首先需要了解什么是空气的湿度。

我们所说的湿度，是指空气的相对湿度。平日里，气象台报告天气时所说的湿度百分之几十，指的就是空气的相对湿度。

学过物理的人都知道，气温越高，空气中所能容纳的水分就越多；气温越低，空气中所能容纳的水分也就越少。

所谓相对湿度，就是在某一温度下，空气所能容纳的最大限度水分，与其中实际所含水分的比率。

当空气中实际所含水分不改变，而气温增加时，由于空气温度越高，所能容纳的最大限度水分越多，故空气的相对湿度就会减少；反之，空气的干燥程度就会增加。

当我们使用暖炉取暖时，无论哪种暖炉，我们都是在增加空气的温度。当然，在增加空气温度的同时，空气的相对湿度也在减少。

所以我们在使用暖炉的时候，空气中的相对湿度会很低，室内干燥也就不可避免了。

我们呼吸系统的各管道，如鼻腔、气管和支气管黏膜，都必须保持一定的湿润程度，才能维持黏膜的正常功能，抵挡随呼吸或从其他途径进入的细菌及病毒。

不然的话，呼吸的空气过于干燥，我们在呼吸空气时，黏膜的水分就会迅速散失，黏膜也就变得干燥了，分泌抵抗微生物的成分比如溶菌酶、干扰素等也就减少了。进入体内的微生物也就很容易立足和繁殖。感冒、扁桃体炎、喉炎、支气管炎、鼻炎等呼吸系统病也就随之而来了。

除了这些危害外，还有一种令女士们最担心的危害。那就是，当我们室内相对湿度降低的时候，它会使我们皮肤的水分迅速挥发。干燥的皮肤，会让我们的容颜更显苍老，甚至发生皲裂。

在取暖引起的室内湿度降低时，也会使室内各种物品更为干燥，因而引发火灾。

现如今，不少家庭都会使用红外线烤火炉或红外线取暖器取暖。

电热取暖器是在电热丝通电后，放出热量或红外线来取暖的。它能取暖的原理就是将电能转换为热能。

因而，电暖器也是许多没有安装暖气的家庭常用的“宠儿”。它没有煤球的呛人烟味，而且使用起来也方便简捷。

可大家知道吗？红外线取暖器如果长时间使用，而且在使用时不注意的话，很容易伤眼睛的。

炉丝在被加热时会烧得通红，它能放射出大量的红外线。如果不注意保护眼睛，数年之后极有可能患红外线性白内障。

同时，眼睛长期接受红外线的照射，还可能引起晶状体损伤。

谨记：由于红外线对眼睛的伤害，冬天家庭使用红外线取暖器时，一定要注意眼睛的保护。

（1）不要将取暖器放在室内的显眼位置，以免眼睛随时能看到。

（2）取暖时，也不要面向取暖器。而应该侧坐或背向取暖器。

（3）不要坐在红外线烤火炉面前烤馒头、土豆之类的食物，以免长时间注视炉丝，造成红外线损伤。

取暖器辐射的红外线对眼睛的伤害我们已经很清楚了。从眼科医院记录的病例上来看，有将近80%的眼病与辐射有关。而其中危害学生眼睛的又有80%是在学习时，长时间使用了小太阳辐射式远红外取暖器的缘故。

除了取暖器容易对眼睛造成伤害外，如果使用不当，还会因为长时间处于有取暖器的房间里而失水严重，对身体健康造成危害。

所以在用取暖器取暖时，千万不要忘了给自己补充水分。

生活小常识：

用取暖器取暖时，可以用一条大毛巾湿了水晾在室内，水分蒸发时，便可增加室内空气中的水分，从而保证在室温增加时，室内相对湿度不下降。

71.浴霸，损害了婴幼儿的视力

随着冬天的到来，浴霸成了众多市民浴室里的必备品。然而，一些不法商家看准了这一商机，开始销售山寨产品。有些无良商家竟然借用正规商家的招牌，进行一些贴牌生产，毫不顾及消费者的利益。

当然，这些山寨产品，骗消费者的钱倒是次要的，更重要的是，这些劣质产品很容易对我们的身体造成危害。

因为浴霸是个新兴产品，生产浴霸的门槛很低，技术含量也不高。但是因为利润大，市场空间广，因此吸引了很多的无良厂家来生产。

目前的浴霸市场比较混乱，有些人甚至把灯泡、风扇拼凑到一个外表华丽的面板上，充当浴霸。然后又大肆做着广告宣传，吹嘘他们的浴霸质量有多好。

其实，这些浴霸是没有质量检测认证的。不要说这种小作坊产品，就是很多挂着“品牌”的冒牌浴霸，也都没有质量检测认证书。

没有经过质量认证的产品，存在很多潜在危险，比如说，辐射问题和灯泡刺眼问题等。

用过浴霸的都知道，强光明晃晃的刺眼。而它让浴室升温，都是靠这刺眼的强光。

但这种强光如果长时间使用，是很容易灼伤眼睛的。

在通常情况下，大多数浴霸的4个灯泡加起来大约是1200瓦。那耀眼的灯光会干扰大脑的中枢神经功能，让人头晕目眩。

尤其注意的是，儿童不要长时间使用浴霸。强光会影响婴幼儿的视觉功能，对他们娇嫩的皮肤也不好。

而浴霸的强光危害，又大多体现在婴幼儿身上。

因为很多家长在给孩子洗澡的时候，喜欢让孩子仰面朝上，同时开着浴霸。这时候，孩子的眼睛会盯着浴霸，这必会对他们的视力造成永久伤害。

这种伤害就是过量照射损伤视觉。

什么是过量照射损伤视觉？婴幼儿为什么会比成人更易受到强光的伤害？以下慢慢道来：

强光对婴幼儿视网膜会不会造成伤害，其损害程度又有多少，完全取决于光的波长、强度和照射时间的长短。

我们知道，可见光中400—500纳米波长的高能量可见光——蓝光，会穿过角膜和晶状体并接触到视网膜。蓝光在加速视网膜黄斑区细胞氧化的同时，过量照射就会损伤视觉细胞。

视网膜中的黄斑区是眼睛中收集信息最为丰富，最为敏感的区域。婴儿在出生时，视网膜黄斑还没有形成。等到他们长到四岁时，视网膜的黄斑区才能发育完全。

婴幼儿的晶状体是相对清澈的，它无法像成年人一样对蓝光进行有效过滤。所以和成人相比，婴幼儿在发育中眼睛更容易受到损害。

家长们一定要尽量避免强烈的日光、闪光灯、红外式浴霸的灯光等直射婴幼儿的眼睛。并且不要让婴幼儿在过强光下睡觉。

另外，多给婴幼儿补充一些叶黄素等营养物质，可以较好地过滤蓝光并发挥抗氧化功能。

生活小常识：

大家最好选用红外线磨砂灯泡浴霸。

红外线磨砂灯泡浴霸，与普通型取暖灯泡性能相比，它不刺眼，对视力的伤害也不大，而且还能保护皮肤不受强光刺激，并能活络血脉。

此外，红外线磨砂灯泡浴霸产生的辐射性最小，尤其是家里有小孩的朋友，选择这种浴霸是明智之举。

72.电热毯危害多！

冬天里，很多家庭使用的电热毯，属于一种接触式的电暖器具。

想想看，冰冷的夜晚，睡在暖洋洋的被窝里，该是多么惬意的事，可如果告诉大家，电热毯的危害时，很多人肯定会瞠目结舌，大惊失色。

我们还是先来看看它的工作原理吧！

一种特制的，绝缘性能达到标准的软索式电热元件呈盘蛇状织入或缝入毛毯里，通电时，它就发出热量。这种热量主要用于人们睡眠时提高被窝里的温度，以此来达到取暖的目的。此外，还可用于被褥的去潮除湿。

电热毯由于具有耗电量少、温度可调节、使用方便等特点，被人们广泛地使用。然而，电热毯的诸多致命副作用，也是非常令人担忧的。

具体副作用表现在以下几个方面：

1）电磁辐射

和很多电器一样，电热毯在工作时，在发热的同时，也会产生较强的电磁波辐射和感应电。这是会严重危害人体健康的。

一个普通的电热毯，它在工作时所产生的电磁波辐射是100—190毫高斯。严重超出国家标准几十倍，甚至100多倍。

人体发生的多种肿瘤病变的概率，均与所受的低频电磁辐射有密切关系。而且电磁辐射会显著增大肿瘤、突变等重大疾病的发生率。

2）严重的火灾隐患

电热毯如果连续通电时间过长，而且没有恒温保鲜装置，是极其容易引发火灾事故的。

另外，电热毯如果长期受到揉搓而断裂，也极易引起火灾。

媒体报道的一宗宗触目惊心的、因为电热毯而引发的火灾事故，在寒冷的冬夜里，不断地给我们敲响警钟！

3）导致不孕不育

电热毯在打开状态下，还会有很低的电磁场，这对女性的内分泌会产生一些不良影响，很可能还会造成严重的不孕症。

当然，还不仅对女性有影响。我们知道，男性的睾丸会在较低的温度下保证精子的活力，但如果长期使用电热毯，产生的热量会对男子的精囊产生不良作用，导致男性少精、活精子活力不强等。

4）导致畸胎，孕妇禁用

怀孕的孕妇，在睡觉时如果使用电热毯，还可能导致胎儿畸形。

这是因为电热毯在通电后，会产生一些电磁场，这种电磁场会影响母体腹中胎儿的细胞分裂，使其细胞分裂异常。同时，胎儿的骨骼细胞对电磁场也很敏感。据医学研究证明，孕妇子宫里的胚胎神经细胞组织，是在受孕后的15—25天时才开始发育的；而心脏组织是在受孕后的20—40天时开始发育的；四肢则是在受孕后的24—26天时开始发育。

因此，孕妇如果在这段时间内使用电热毯，最易使胎儿的大脑、神经、骨骼和心脏等重要器官组织受到不良影响。

5）致命的漏电隐患

目前市场上的电热毯有很多。它们在材料的使用、做工的精密度上根本达不到相应的标准，尤其是那些假冒伪劣电热毯，它们的绝缘性极其差，稍不注意就会漏电并引发火灾。

电热毯在使用时间长的时候，如果不加维护，也是会出现漏电现象的。漏电电流在流过人体后，对于人的身体和内部组织会造出不同程度的损伤。

所以我们才会在新闻上，看到层出不穷的电热毯电伤甚至电死人的报道。当然，因为漏电引起的火灾，那就更是数不胜数了。它会严重危害人们的生命和财产安全。

以下给大家列举几种电热毯对人体健康的影响：

（1）电热毯的电磁辐射破坏生物电的自然平衡。它能使生物电传递的信息受到干扰，能够引起神经、生殖、心血管、免疫功能及眼睛视力等方面的改变。

其主要症状是：头痛、头晕、记忆力减退、注意力不集中、多梦、失眠、易激动、易疲劳、抑郁、呼吸困难、喘息、出汗、甲状腺机能的抑制，皮肤肾上腺功能障碍、皮肤老化、有产生白血病的可能、男女生育能力下降、妇女月经紊乱、乳癌、脸颤、腰背酸痛，甚至还可能诱发癌症。

（2）人脑对电磁场非常敏感，因此会影响中枢神经系统。人脑实质上是一个低频振荡器，它极其容易受到电磁场的干扰。再加上电磁场可以破坏生物电的自然平衡，能使生物电传递的信息受到干扰。

其主要症状是：头晕、头疼、多梦、失眠、易激动、易疲劳、记忆力减退等症状。

（3）因为电磁辐射的影响，人体会受到高强度微波的连续照射。

其主要症状是：心跳加快、血压升高、呼吸加快、喘息、出汗等，严重时可以使人出现抽搐和呼吸障碍，直至死亡。

（4）在电磁辐射的影响下，很可能出现多核白细胞，嗜中性白细胞、网状白细胞增多及淋巴细胞减少的情况。

某些动物在低频电磁场的作用下很可能产生白血病的可能。同时，在血液生化指标方面，还容易出现胆固醇和胆碱酯酶活力增强的情况。

（5）在电磁场的影响下，因为受到甲状腺功能的抑制，出现皮肤肾上腺功能障碍。它的改变程度取决于电场强度和照射时间。

上面列举了这些电热毯的危害，大家应该不会再熟视无睹了吧。虽然电热毯可以保暖，但它的危害也是巨大的，绝对不能忽视。

电热毯如果使用不当，肯定会适得其反。

生活小常识：

电热毯的使用时间绝对不能太长，而且不宜与人体进行直接接触。一般在睡前1小时开始通电加热，在入睡前关掉电源为最好。

经常使用电热毯的人，早晚应该增加饮水量，以减少对身体的危害。

孕妇和婴儿，绝对不要使用电热毯。

73.电风扇带来的疾病

电风扇应该每个人都不陌生吧。一个家庭没有空调可以，但如果连电风扇都没有，那简直就不可思议。而且很多家庭不只有一个电风扇，他们会根据房间数，在每个房间准备上一台电风扇。

电风扇已经成为我们在夏季的主要防暑降温用具。

很多人之所以选择用它来降温，就是觉得它操作起来简单，又没什么危害。不像空调，开久了会得空调病。

可电风扇就真的这么安全吗？

当然不是，电风扇如果使用方法不当，也是会给健康带来危害的。比如发生感冒、面神经麻痹、肩周炎、腰酸背痛等症。

以下给大家介绍几种在使用电风扇时，常犯的一些错误：

1）长时间吹

大多数人在用电风扇的时候，喜欢长时间地吹。一进家门就打开电风扇，不出门就不会关。即使晚上睡觉，也会一直让它呼啦啦地吹着。

然而，长时间对着电风扇吹，人体的温度会随着汗液的大量蒸发而下降，很容易引起伤风、感冒、腹痛、腹泻等疾病。

所以一般以一次吹风半小时到1小时为宜。

2）高风速吹

有些人为了尽快凉爽起来，在使用电风扇的时候，喜欢将它开到最高速。认为这样的风才会大，吹起来才过瘾解热。这样当然是不对的。

因为当气温超过30℃时，空气的温度会接近人体的正常体温，电风扇吹来的风，也属于高温风。我们人体的热量一般主要靠汗液的蒸发来散热，如果电扇风吹得过大，皮肤表面的温度就会下降，引起毛孔闭塞。

当身体内部的汗液散发不出来时，肯定还会感到热。而在这时，我们很可能会出现疲乏无力、腰酸背痛的现象。这就是所谓的“憋汗”。

因此，在使用电风扇时，不宜用高挡高速吹风，应当将风速调到中速或低速，让微风吹来即可。

3）吹近风

在使用电风扇的时候，不要把它放在离身体很近的地方。如果长时间近处吹强风，而且只吹身体一面的话，很可能使受风面的皮肤汗液很快蒸发掉，温度显著降低；但吹不着风的那一面，由于汗液蒸发慢，很可能致使身体两面的血液循环和汗液排泄差距过大。当神经中枢失去平衡时，各器官就会疲惫不堪，从而感到全身不适。

因此，在吹电风扇的时候，最好让风扇与人的距离保持在2米以外，让风变得均匀而柔和。

4）吹定向风

我们使用的电风扇，通常能吹定向风，又能吹摇头风。在把风扇调到摇头扇时，电扇会不断移动位置和方向，使我们接受到的风一阵大一阵小，这样就能使体表受风缓慢一些，全身的温度改变也会很均匀，不会使人感到太凉。

所以说，对人身体最好的吹风方式是摇头扇，尽量避免长时间吹定向风。

5）睡觉吹

烈日炎炎的夏日，最难熬的莫过于晚上睡觉了。如果没有空调和电扇，那整晚肯定都是要失眠的。

于是，很多用风扇的人家，选择在睡觉时打开风扇。岂不知，人在熟睡时机体各脏器的功能降到了最低水平，一切反射也会消失，免疫力下降，极易导致疾病。

因此，最好把风扇调到定时，让它在一定时间自动停止。这样也就避免了睡着时吹风扇的危害。

电风扇使用的最大误区：先开慢挡。仔细观察就会发现，差不多每个人在刚刚启动电风扇时，都会习惯性地先从慢挡开始，认为这样做省电。其实，恰恰相反。

我们分析一下：

当我们用慢挡启动电风扇时，220伏电压是经过调速器降压后才加到电机上的。启动电流很大，电机很容易发热，这样有损风扇的使用寿命。

当然，电风扇在设计时也考虑到了调速的需要，但如果一直这么做，必定对电机不利。而如果我们先用快挡启动，那对电机的启动力度足，电机升温小，自然既省电又能延长电机和调速器的使用寿命。

因此，在我们启动电风扇时，最好能先用快挡，等到转速正常后，再调节到慢挡运行。

那我们要如何正确使用电风扇呢？

（1）风速不宜过大。我们可以尽量把室内的风速控制在0.2—0.5米/秒。尤其在通风较好的房间和有过堂风的地方，使用电风扇时的风速一定不能过大。

（2）风扇搭配空调一起使用。我们知道，风扇能直接将电能转化为动能，它的耗电量也非常低，最高功率仅为60W，相当于普通照明的台灯所耗的电量。

因此，从节约能源的角度来说，盛夏季节使用风扇无疑比空调更好。当然，如果天气实在太热，必须开空调。不妨将风扇和空调搭配着一起使用，将空调的温度设定在26—28℃，这样就省电又省钱，而且凉爽舒服了。

（3）尽量使用中挡或慢挡。对于电风扇来说，电功率越大，它消耗的电能也就越多。电风扇的耗电量与扇叶的转速是成正比的。

比如说，400毫米的电扇，当用快挡时，它的耗电量是60W；使用慢档的话，只有40W。

同一台电风扇，它的最快挡与最慢挡的耗电量相差40%，在快挡上使用1个小时的耗电量，可以在慢挡上使用将近2个小时。所以平时可以先开快挡，等到凉下来后再用慢挡，就可以减少电风扇的耗电量了。

当然，在使用电风扇时，最好能将它放置在门、窗旁边。这样，便有利于空气流通，而且也能提高降温效果，缩短使用时间，减少耗电量。

炎热的夏天，孕妇的新陈代谢十分旺盛，如果不断用电风扇的话，就会出现头痛、疲乏无力、饮食下降等不适反应。

为什么会这样呢?

这是因为，当电扇的风吹到皮肤上时，汗液的蒸发作用会使皮肤温度骤然下降，导致表皮毛细血管的收缩，血管的阻力增加，进而使血压升高；当表皮血管呈舒张状态时，血流量就增多；由于皮肤血管丰富，充血也明显，而且对冷的刺激敏感，所以极易引起头晕、头痛症状。

同时，在吹风扇时，为了调节全身体温，达到均衡状态，全身的神经系统和各器官组织必须加紧工作。这样，吹风的时间越长，人反而越容易感到疲劳。

而当孕妇出汗多时，就更不能马上吹电风扇了。因为这时候，全身的皮肤汗腺会大开，邪风极易乘虚而入。轻者会使我们伤风感冒，重者则高热不退，极易给孕妇和胎儿的健康造成危害。

因此，孕妇应注意避免突然或长时间吹电风扇，必须吹电风扇时，也最好选用微风，而且不要连续吹，要间隙吹。如果不是十分热，可以完全放弃电风扇，用手扇扇子纳凉。

74.吸尘器变“炸弹”

有条新闻，说某市某街道的市民，忽然听到一座大楼里发出一声震耳欲聋的爆炸声。

周围很多人以为是地震了，楼里的跑了下去，大街上的仰头一看，发现随着那声爆炸声，大楼里的某层窗口升起了浓浓烟雾。

原来，根本不是什么地震，而是有间办公室着火了。

一条条长长的火舌，卷着一股股浓浓的黑烟，从窗口蹿了出去，冲上了天空。

办公室里没被吓跑的人，马上开始灭火。火很快就扑灭了。现场留下一片残迹：办公室内的沙发、桌椅等全被烧毁；地板中间炸开了一个大洞；墙上的空调器被爆炸冲击波撞出墙体一大截；墙体也被炸开了数条长长的裂口，墙面部分变了形；一个被烧焦了的尸体躺在墙边的地上；附近几间办公室以及楼梯的窗玻璃全部被震碎，可见爆炸力的巨大。

这是什么样的一场火灾？难道是恐怖分子，抑或是有人寻仇，在办公室里安放了炸药？被烧焦的尸体又是谁？

警方经过取证调查，最后发现，根本没有恐怖分子，也没人寻仇放炸弹。那具被烧焦的尸体是公司的一名普通员工。

而引起这场惨剧的，竟然是吸尘器。

爆炸是在那名工作人员操作吸尘器时发生的。这么威力巨大的爆炸，竟然来自于用了近六年的吸尘器？令人有些匪夷所思吧。

一个吸尘器，竟然变成了“炸弹”，真是不可思议！

但就这么真真实实地发生了。

现今，许多家庭都购置了吸尘器。在诸多种类的家用电器中，按理说吸尘器应该属于比较安全的一种，可也出现了这样的“爆炸”案，不得不令我们重新审视它。

我们先来了解一下吸尘器：

吸尘器主要由起尘、吸尘、滤尘三部分组成。

一般包括电动机、离心式风机、滤尘器（袋）和吸尘附件。一般吸尘器的功率为400—1000W或更高，便携式吸尘器的功率则为250W及其以下。

再来看看吸尘器的工作原理：

吸尘器之所以能除尘，主要在于它的“头部”有一个电动抽风机。

抽风机的转轴上有风叶轮。在通上电后，抽风机会以每秒500圈的转速产生极强的吸力和压力，在吸力和压力的作用下，空气会高速排出。而风机前端吸尘部分的空气会不断地补充风机中的空气，致使吸尘器内部产生瞬时真空，和外界大气压形成负压差。

吸尘器在压差作用下，吸入含灰尘的空气。最后，灰尘等杂物通过长接管、弯管、软管、软管接头进入滤尘袋。灰尘等杂物滞留在滤尘袋里，而那空气在经过滤片净化后，会由机体尾部排出。

因此，在气体经过电机时会被加热，所以吸尘器尾部排出的气体是热的。

了解了吸尘器的工作原理，那又要怎么预防恐怖事件的发生呢?

（1）电源插座要有足够的容量。电源插座不宜与其他用电功率较大的家用电器，比如电熨斗、电取暖器等同时使用，以免因为电气线路过载而发热，引发危险。

（2）使用时间不宜过长。当我们手摸桶身塑料外壳，明显感到很热时，就要暂时停止使用，以防止电动机因过热而烧毁。

（3）不要在潮湿场所使用吸尘器，更不要用水洗涤吸尘器的主体机件。以免电机受潮发生短路起火。

（4）每次使用完后要即时清理过滤袋（器）上的积尘。以防止进风嘴和排气出口被较大的物体阻塞，引起功率降低和电动机过热而起火。

（5）不要把一切带有火星的东西吸入吸尘器，也不要用吸尘器去吸烟缸和废纸篓里的杂物，以免发生火灾。

（6）在使用吸尘器时，如果发现电动机冒烟，千万不要惊慌，应立即拔去电源线，拆下进风嘴的软管，并将吸尘器移到过道、阳台等周围没有可燃物的地方。

一旦遇到电动机起火，并烧着机身塑料外壳，就要用棉被、毛毯等将吸尘器盖上，以便隔绝空气，让火尽快熄灭，或者用手提灭火器灭火。

生活小常识：

吸尘器使用完后，应等到放凉了再收起来保管，以免因热量散发不出去而发生事故。

严禁在易燃、易爆的火灾危险场所使用吸尘器，也不要在刚使用过易燃液体或喷涂过油漆的房间里使用，以免引起火灾爆炸事故。

75.警惕，手机变杀手

如果问在生活中，哪样东西和我们最亲近，肯定很多人会脱口而出：“手机”。

确实，手机现在可以说是和我们如影相随。很多人甚至一刻看不到手机，就会不安。手机依赖症患者也是越来越多。

我们离不开手机，可手机对我们有着潜移默化的伤害，这一点大家也应该明白。

因为只有明白了，才会想到相应的对策来避免这些危害。

以下我们把手机对人体的很多器官的危害，一一列举出来，并告诉大家一些解决方法：

头部：增加患脑瘤风险

美国乔治敦大学肿瘤中心主任迪帕博士曾说，打手机会增加我们人类患脑瘤的概率。

瑞典厄勒布鲁大学医院的医学专家发布的研究结果表明，在他们分析了11项全球相关研究后发现，我们人类如果每天使用手机一小时，长期下来，患脑瘤的风险就会大大增加。

建议：当我们在接听手机时，可以用免提耳机接听。并且在电话接通的前五秒，尽量不要让手机贴近耳朵。

眼睛：易患白内障

手机存在辐射，这是我们都知道的。在国际辐射安全使用标准范围内，如果长时间使用手机，是会对我们眼睛等人体部位造成损伤的。

因为手机在接听中，产生的电磁微波会损伤眼球的晶状体，破坏细胞通信连接功能。所以当我们连续用手机通话两小时后，肯定会对眼球晶状体有损伤。

建议：通话时间尽量控制在半个小时内，即使是热恋中的男女，也要以身体健康为重。

骨头：造成骨质疏松

手机存在电磁场，而电磁场会降低骨骼密度导致骨质疏松。

有人曾对150名习惯将手机戴在腰带上的人做了调查，发现这些平均每天使用手机15个小时的男人，在连续使用6年后，他们靠近手机一端的髂骨翼的骨质密度略有下降。

建议：手机千万不要贴身携带，最好能放在包里，并且离我们身体越远越好。

皮肤："手机皮肤炎"

手机皮肤炎，这一定是有了手机才出现的。

经常使用手机的朋友可以观察一下自己的耳朵或脸颊处，看有没有不明原因的皮疹。或者还可以看自己的手指上，是否也出现了类似的皮疹。如果是，那很可能就是因为频繁使用手机造成的皮肤过敏。

据说，在长时间使用手机后，皮肤被手机表面镍材质接触过久，会出现过敏反应，产生一种叫做"手机皮肤炎"的红色疹子或发痒疹子。

建议：使用手机时，最好用耳机接听，不要让手机长时间地接触皮肤。

影响睡眠：降低睡眠质量

有专家曾对年龄在18-45岁之间的男性和女性进行调查，发现被手机辐射干扰的被调查者在进入深度睡眠状态的时间，明显要短于不被手机辐射干扰的被调查者。

原因很简单，因为手机有辐射，这些辐射还能刺激大脑紧张神经，让人时刻保持清醒，从而降低了睡眠质量。

建议：睡前尽量避免用手机打电话，睡觉时最好关掉手机。

看了以上这些危害，有手机依赖症，或者经常煲电话粥的朋友，是不是会减少一些使用手机的频率呢?

因为经常使用手机，不仅会影响我们的身体健康，还会降低我们的工作效率。

美国有项研究发现，当人们正潜心于工作或学习中时，如果被电话打断，很可能会需要15分钟才能重新投入工作学习中。更为严重的是，如果因为电话铃声大作，我们不得不放下手里的工作去接听的话，很可能对我们的工作效率和心情造成影响。

因为，工作中手机铃声对人的干扰可以降低人的创造力和记忆力。

所以，在专心工作时，最好可以关掉手机。

76.常用电脑危害多！

电脑在给我们带来高科技享受的同时，也给我们带来了危害，这个危害越来越明显，也越来越被人重视。

先观察一下自己周边经常用电脑的朋友。

看是不是十个有八个人的视力不如以前？是不是十个中有六个经常肩酸腰痛？是不是头痛、食欲不振或一般？是不是偶尔还忧郁了？抑或自闭了？

我们都知道，电脑是有辐射的。那些使用电脑的，或多或少也会受到一些电磁波的影响。

据说，迄今为止，即使配置优良的显示器，即使再自称是“低辐射”的显示器，也没人敢说它的显示器完全没有辐射。

因为没有无辐射的显示器。

而且凡是“电脑”，无论大小，只要处于工作状态，均有复合频率的辐射产生。

同时，我们经常使用的电脑主机，在工作状态时，它释放的电磁波对人体的影响要比显示器的辐射还大。这也就是电脑工作人员为什么会得“电脑病”的原因之一。

因此，为了减少这种危害，我们最好给电脑加装一条良好的接地线。

从医学角度上来讲，人体在电磁场中吸收辐射能量，因而受到不同程度的损害。它的损害主要集中在引起中枢神经功能失调、心悸、白细胞变化，以及损伤眼睛、引发白内障等。

虽然电磁场我们看不见摸不着，但它的危害是不容忽视的。而要想减轻这种危害，加强对电脑的防护非常必要。

以下对我们日常生活中，长时间使用电脑引起的症状作一一介绍：

常用电脑，最常见的病症就是眼睛疲劳。这种疲劳来自于困倦、眼皮或前额沉重等。

除此，还有其他一些症状，比如，眼睛刺激感（红眼、流泪、干涩）、注意力不容易集中、头痛、背部酸痛、肌肉痉挛等。

电脑病的症状主要表现为神经衰弱综合征。具体表现为：头晕、头痛、疲劳、失眠或做噩梦、记忆力减退、情绪低落等。

要想减轻以上症状，我们可以连续操作电脑在4小时以内，每操作1小时就要休息10分钟。

此外，还应该经常活动一下腕部、颈部等。让这些部位的肌肉保持在自然松弛状态。同时，腰部也应紧贴椅子靠背。

既然工作离不开电脑，那我们就要想办法预防电脑病。预防电脑病需注意以下几点：

（1）合适的工作环境。摆放电脑的房间，光照一定要适中，不可过亮或过暗，而且要尽量避免光线直接照射屏幕。同时，屏幕不能太亮，屏保最好选用以绿色为主的颜色。如果放电脑的房间有空调，也要经常定期对室内的空气进行消毒，避免一些污染。

同时，要常开门、窗或用换气机更换室内的空气。

（2）正确的坐姿。操作电脑时，正确的坐姿很重要，不然很容易得颈椎病。选择座椅时，要尽可能选能调节高度的，并且背部有完全的支撑。坐下时，要保证膝盖能有约90度的弯曲。电脑屏幕的中心位置也应与操作者的胸部保持在同一水平线上，眼睛与屏幕的距离应保持在40—50cm之间。身体不要与桌子靠得太近，肘部也要能自然弯曲。

在操作过程中，最好时常闭上眼睛休息片刻，以调节眼睛的疲劳。

（3）敲击键盘不要过分用力，肌肉要尽量放松。有些人在使用键盘时，好像与键盘有仇，用很大的力气去“打击”。

另外，一些有手腕部位疾病或腱鞘炎的人，在操作一会儿电脑时，就应活动一下腕部和手指的关节，手腕尽量不要支撑在桌面边缘。

有肩周炎者，也要时常活动一下肩关节，避免长时间不活动，肌肉和肌腱发生黏连。

（4）应经常洗脸和洗手。电脑屏幕表面是有大量静电荷的。这些静电，极易集聚灰尘。我们在使用电脑时，脸和手等裸露的地方，也就非常容易沾染上这些污染物。如果不注意的话，不经常清洗手和脸，脸上极可能会出现斑疹，严重时还会导致皮肤色素沉着。而手上因为聚集了大量的污染物，如果不注意又拿东西吃的话，也就应了那句话，“病从口入”。

这也就是为什么经常坐在电脑前的人，极易生病的原因。

生活小常识：

经常坐在电脑前，操作电脑者，应该多吃富含维生素A的食物。比如胡萝卜、豆芽、红枣、动物肝脏、瘦肉等，以补充体内维生素A的不足。还可多饮绿茶，因为绿茶中含有多种酚类物质，能够对抗电脑产生的一些有害物质。

不用说，大家也知道电脑是个高科技产品。原本电脑的出现，就是为了提高我们的工作效率。但很多时候，一部分人却因为长久地沉迷电脑，尤其沉湎于节奏快、色彩艳的电子游戏中不能自拔，而忽略了自己的本职工作，更让自己的身体受到伤害。

更有甚者，因为沉迷电脑，而让自己完全和社会脱节，变得自闭，无法和人沟通。从这个角度来说，电脑的危害，不仅是身体的，而是身心的。

所以我们要随时提醒自己，电脑是为我们服务的，我们不能被电脑奴役，凡事都要节制，用电脑也一样。

77.儿童护肤霜也有副作用

市场上有很多儿童护肤霜，都号称纯天然，所以很多父母在冬季的时候，看到孩子的皮肤干燥，也会给他们擦一点，但不料，孩子的皮肤还是过敏了。

为什么会这样呢？我们先来了解一下孩子的皮肤结构特点：

儿童的皮肤比成人的薄，这一点大家都知道，所以才会用“细皮嫩肉”来形容宝宝的皮肤。

他们表皮的细胞只有3—4层，皮肤的外观也很平滑、细嫩，纹理不清，而且还容易受损伤。

而且，儿童体表的面积，以及各部位的比例是会随着年龄的增长而变化的。比如说，婴幼儿头部皮肤的面积占了全身表面积的19%；而16岁以上的孩子则为7%。

儿童皮肤和全身的比重也比成人大。再加上儿童皮肤的血管丰富，血管网接近表皮，所以散热量大，对外界温度的反应敏感；真皮的胶原纤维及弹力纤维脆弱，结缔组织中基质丰富，皮肤细胞的含水量也比成人高，所以最易受机械、化学的影响，在受到温热刺激后，非常容易水肿和出血。而且这种皮肤在吸收化学成分时，也比成人快。所以稍不留神，就会出现皮肤糜烂。

而任何护肤品，都不能做到纯天然，即使商家再吹嘘他们的宝宝霜多么天然，多么无伤害，但仍会含有一些化学成分。再加上宝宝的皮肤很娇嫩，自然容易过敏。

所以说，能不给宝宝擦护肤霜，就尽量不要用，实在要用，也要少用。

有些家长又说了，在寒冷而空气干燥的时候，宝宝的皮肤都快干裂了，能不用吗？

如果宝宝不出门，就在室内，即使皮肤干燥，也尽量不要用，只要每天给他们用温水清洁一下皮肤就可以了。如果要带宝宝去室外，那也要挑选正规厂家出品的、适合宝宝年龄的护肤霜。

那在为宝宝挑选护肤霜的时候，如何检验它们的质量呢？

（1）闻味道。宝宝的护肤霜只要带淡淡的清香就行了，如果有刺鼻的香味，坚决不能要。

（2）在选中一瓶护肤霜后，可以先拿一杯清水，把乳液倒进水里一点点。如果乳液沉了下去，那就说明这个护肤霜的质量可以。如果浮在水上面，那就证明里边含有油石酯。

油石酯属于有危害化学物质，在成人化妆品中都不推荐使用，更不要说宝宝霜了。

油石酯会伤害皮肤，造成皮肤干燥缺水，而且它是堵塞毛孔的主要原因。化妆品中含有油石酯后，久而久之，毛孔就会变大。

（3）还可以把乳液倒在水里，晃一晃。如果水变成了乳白色，就证明里边含有乳化剂。乳化剂也是一种表面活性剂，它会破坏皮肤的组织结构，导致皮肤敏感，并有很强的致癌性。

挑选婴儿润肤露的时候，也要注意以下几点：

1）选择天然、温和的润肤露

我们上面说了，宝宝的皮肤比成人更容易吸收一些物质，所以对一些过敏物质或毒性物的反应非常强烈。

我们在给宝宝选择护肤品的时候，一定要选择更安全、更温和的天然护用品。这样的护肤品虽然不能保证它完全纯天然，但却也是经过了严格的医学测试的，而且其中的天然成分纯正温和，其酸碱度pH值也更符合宝宝的皮肤特性，对他的皮肤无任何刺激，也不会引起过敏反应。

2）洗护用品必须选择那种“保湿＋补水＋锁水”三效合一的

宝宝皮肤最易受刺激的季节是秋天。秋天是低温、干燥多风的季节。所以宝宝肌肤流失水分的速度很快，对保湿补水的要求也很高。

在为宝宝选择护肤品时，不但要选择那些能够提升宝宝肌肤锁水能力的护肤品，而且还要选择那种能促进纤维细胞生成胶原蛋白的，让宝宝肌肤更有弹性。

因为只有三效合一的护理，才能让宝宝干燥的肌肤维持在水润状态，确保皮肤的水润光彩。

当然，护肤品也是建立在宝宝的皮肤干燥的基础上才使用的。对于宝宝来说，不用护肤品，增强宝宝皮肤抵抗力，预防宝宝皮肤干燥才是关键。

因为他们皮肤的免疫系统还没完善，皮肤抵抗力非常弱，在季节转换的时候最容易出现皮肤过敏等症状，所以让宝宝的房间保持一定湿度，避免干燥好过任何护肤品。

当然，最好别给宝宝用任何护肤霜，但在不得不用时，即使选了质量好的护肤霜，在使用时多注意也很关键。

以下给大家说说给宝宝用护肤霜的步骤：

（1）先用清水给宝宝清洁面孔，然后及时用柔软的毛巾将皮肤擦干。对于那些爱吐奶、爱流口水的宝宝，一定要及时给他们用干净柔软的毛巾擦拭干净。擦拭的时候注意不要用力过大，而要用毛巾轻轻按压，将水分吸干。

（2）在带宝宝出门前，在他们皮肤特别容易干燥的部位，如脸颊、额头、手背、臀部等，擦一些滋润皮肤的婴儿油或润肤品。不用擦得太多，但一些该擦的地方，一定要擦到。

生活小常识：

避免在出门前的几分钟里匆匆忙忙地给孩子擦润肤油。因为这个时候擦的润肤油一接触到寒风，很快就会蒸发掉，因而会失去滋润皮肤的功效。

正确的做法是：在出门前半小时就搽上润肤油，这样，润肤油被充分吸收，宝宝皮肤本身也分泌出一些油脂，这样才会达到最佳的润肤效果。

78.“洗发精”可致宝宝头发发黄，你知道吗？

很多年轻的妈妈可能会有些疑惑，自己明明给宝宝挑选的“洗发精”是婴儿的专门洗浴用品，而且也是正规厂家出品的，甚至还是名牌，但宝宝的头发却是越洗越黄。

这是为什么呢？

让宝宝头发变黄，未必都是产品的问题，很可能还是做父母的，在为宝宝洗头时方法不对造成的。

我们知道，宝宝并不常外出，而且很少有机会可接触到外界的脏污、油污。因此，在清洁宝宝的发丝时，不需要太过用力，太苛刻，只需给他们洗澡时，顺带擦拭一下头部就行了，甚至不用洗发精都行。

如果要用，也要先用温水或是稀释过的宝宝专用洗发沐浴精（露）稍微擦拭一下即可，不需要刻意大力地搓洗发丝或头皮。

同时，在给宝宝洗时，还要避免用过热的水温。因为太热的水，很容易刺激宝宝的头皮，对宝宝的发质造成影响。

通常，适合宝宝洗发的水温度约为37～38℃。假使妈妈想要更精确地来测量水温，可以准备一个水温计来测量。

如果给宝宝洗头发的方式是对的，但宝宝的头发还是越洗越黄，那就要考虑是不是“洗发精”的问题了。

那要怎么给宝宝挑选适合他们的洗发精呢？

1）不含香精、不含皂的中性洗剂最佳

宝宝的肌肤相当敏感，尤其是头皮，很容易对化学成分、香精、香料成分过敏。那些化学合成的接口活性剂，因为去脂力强，长期下来很容易对毛囊造成伤害，影响毛发的健康生长。

建议：父母在为宝宝选择婴幼儿清洁用品时，不要只注重“香味”，而是要选择那些“不含香精”、“不含皂”的中性清洁产品。只有这样，才不会对宝宝的肌肤造成负担。

2）避开容易让宝宝头皮过敏的成分

洗发精里，通常都有以下几种常添的化学成分。在给婴幼儿购买的时候，一定要尽量避开含有这些成分的洗发精或沐浴清洁用品。

化学活性接口剂：Propylene Glycol、Diethanolamine（DEA）、Sodium Laureth Sulfate、Soldium Lauryl Sulfate、Solium C14—16Olefin Sulfonate

防腐剂：Ethyl Paraben、Methyl Parabens

香精：Propyl Parabens Fragrances

色素：Colorants

在父母为宝宝洗头发时，通常还会遇到一些问题，以下将最常见的问题和解决方法告诉大家：

宝宝的头皮有白色或米黄色的皮垢，洗发时可以抠除吗？

这些白色或米黄色皮垢，通常会出现在婴幼儿头上，这属于一种脂溢性皮肤炎。

宝宝从出生到三个月大左右，皮脂分泌是最旺盛的时期，所以在宝宝的头皮、眉毛、脸颊等地方，会出现一些米色或黄色的油脂分泌物，干了之后会呈现块状，而且黏附在毛发上。有些宝宝的情况更严重，头皮上覆盖着一层厚厚的皮垢，从外观上看起来，很像一顶头罩。一般来说，在宝宝6个月大之后，那些油脂分泌会趋于平缓，头皮及脸上的皮垢也会自动好转，不用担心和特殊处理。

如果非要处理，正确做法是：按摩、软化、清水擦拭。

妈妈们在帮宝宝清洁头皮或脸颊时，见到这些皮垢，也不要抠除或大力搓洗，以免刺激毛囊，让油脂分泌得更旺盛，皮垢的状况也会更严重，可以采用以下操作：

清洁时，妈妈只需把纱布巾沾湿，然后轻轻擦拭即可。如果头皮的皮垢比较厚，妈妈可以用一点点的婴儿油或凡士林轻轻按摩来软化皮垢。在用沾湿的纱布巾擦拭时，皮垢会自己脱落。假使妈妈觉得宝宝身上的皮垢有些异常，那就带宝宝去正规儿童医院的皮肤科就诊。

79.你知道宝宝的纸尿裤，有多少危害吗？

现在的孩子对于每个家庭来说，都是宝贝，都是家里的小皇帝。一家人围着小孩团团转。各种婴儿用品，更是应有尽有。

在孩子还没出生时，就备齐了各种婴儿用品。当然，“尿不湿”，纸尿裤当仁不让地成为必不可少的选择。

纸尿裤在很大程度上满足了家长的惰性，对于现在很多年轻父母来说，方便至极。给宝宝用上纸尿裤后，就不用洗尿布了，不用半夜起身了，省心很多。

也正因为如此，很多父母甚至对纸尿裤形成了依赖。

然而，家长们是省事了，但给宝宝们无限制地使用纸尿裤，却是存在不少弊端的：

不少纸尿裤并非完全是纸质的，其内层的海绵、纤维虽然有一定的吸附作用，但如果长期使用的话，会对婴儿娇嫩的肌肤造成一定伤害。更严重的是，纸尿裤还可能引起男宝宝长大后的不育症。

因为纸尿裤不透气，而且紧贴婴儿的皮肤，容易使局部温度升高。男婴睾丸的最适合温度在34℃左右，一旦温度上升到37℃。时间久了，可能导致睾丸将来产不出精子来。

所以给男宝宝使用纸尿裤的父母一定要注意，别因为自己的一时偷懒，给宝宝造成终身的遗憾。

对于纸尿裤引起的“不育症”，每个国家都有上升趋势。同时，常用纸尿裤，更容易让宝宝患上肛周炎、肛瘘等疾病。

我们试想一下，如果给宝宝用的是传统的尿布。宝宝在尿完或拉完后，一定会感到不舒服、会哭闹，或者父母很容易就能知道宝宝出状况了。但在给宝宝用上吸水性强的纸尿裤后，宝宝没有了不舒服感，也给父母造成了一个假象：用上尿不湿后就万事大吉了。什么时候换都无所谓。

无论是从报纸还是电视上，我们都能看到一些纸尿裤广告，这些电视广告极力证明自己生产的产品，吸水功能最强。实际并非如此，因为无论技术怎么先进，纸尿裤都不可能做到100%的干燥。

细心的父母应该有这感受，他们每次在为宝宝更换纸尿裤时，都会伸手摸下宝宝的小屁股，每次都会有一种潮潮的感觉。

所以，给宝宝用纸尿裤，并非会让宝宝的屁股始终处于干爽中。而如果宝宝的屁股长期处于这种潮湿的环境中，自然会受到尿液刺激，出现“红屁股”也是理所当然的。再加上宝宝的皮肤很娇嫩，如果长期与尿不湿摩擦，尿不湿不够柔软的表面很容易擦破宝宝的皮肤，这时，一点点刺激就能让屁股发生过敏。

所以说，通常用纸尿裤的宝宝中，有30%的屁股上会出湿疹。

为了避免宝宝“红屁股”。父母在刚开始给宝宝使用纸尿裤时，无论他们有没有尿尿，每隔2—3个小时，父母都要给他换一下。

这是因为，一方面，宝宝对纸尿裤有一个适应过程；另一方面，纸尿裤捂着宝宝的屁股一段时间之后，释放出来的水汽会使它变得潮湿。

更重要的一点是，宝宝每次大小便后，父母都要记住用温水为他们洗洗小屁股。清洗后，还要等他们的屁股完全干燥后，再用新的纸尿裤。

尤其是平时爱出湿疹的宝宝，他们更容易对尿不湿敏感，父母在给他们换纸尿裤时更应该格外留意。如果宝宝“红屁股”的情况比较严重，可以在医生的指导下用一些湿疹膏。

所以，婴儿最好还是使用天然棉织的尿布。这些尿布不仅吸水性和透气性好，还不会刺激婴儿的肌肤。

不过，在给他们使用棉制尿布时也应该注意，使用前必须清洗干净，然后在太阳光下晒干，或用其他方法进行消毒。

80.选择奶粉不当，危及宝宝健康

自2003年以来，在从阜阳查出劣质奶粉之后，逐渐又有一些问题奶粉出现。劣质奶粉不仅对婴幼儿的生长发育产生了影响，而且对他们的生命安全构成了严重的威胁。因为喝奶粉而导致婴幼儿营养不良甚至死亡的新闻多了起来。

因为吃奶粉导致孩子营养不良一般可以分为三种类型：消瘦型、水肿型和混合型。

造成消瘦型的原因主要是因为所吃的食物中缺乏碳水化合物或脂肪；水肿型则是以缺乏蛋白质为主。

通常，吃这些劣质奶粉的婴儿，他们吃进去的蛋白质都极少，所以也易出现低蛋白血症，导致婴儿全身水肿。

当然，造成婴儿营养不良，除了和奶粉的质量有关外，和父母为孩子冲调奶粉的方法，以及过渡期食物的添加不当也有关。

这些婴儿由于面部组织松软，水分容易聚集，特别是面颊部水肿后向下坠而显得脸特别大。这也就是我们所说的吃奶粉吃出"大头娃娃"的原因。

实际上，劣质奶粉除了会让营养不良的宝宝变成"大头娃娃"外，他们体内的各脏器，如心、肺、肝、肾等也存在水肿和功能障碍，免疫系统更是受到了影响。极易造成免疫力下降，容易发生各种感染性疾病。

同时，这些营养不良的宝宝，大脑的发育也会受到不同程度的损害。

0-3岁是出生后大脑发育最快的时候，在这段时期，大脑的重量、体积将增加3倍，达到成人的80%，大脑神经网络的发育也趋于成熟。如果这时候他们营养素摄入不够或者不均衡，对大脑的发育是会造成严重影响的。如果过了这个阶段，最后即使再补也补不回来。

知道了奶粉的重要性，那我们要怎么才能知道，自己买的奶粉好不好呢？

教大家一些小诀窍：

（1）买完奶粉回家后，先不要去冲泡，而是用手搓捏奶粉。如果手感细腻、颗粒均匀且细小，就能粗略判断，该款奶粉加工工艺和奶质都很好。

（2）好的奶粉应该是乳黄或蛋黄色。看到那些乳白色并发出光泽的奶粉，则很可能是劣质奶粉。

（3）用嘴尝一点奶粉。如果口感细腻、粘牙、溶解慢的就是优质奶粉。也可以用手捏住奶粉外包装，如果搓时有尖锐吱吱声音的应该就是优质奶粉，而且还可能是葡萄糖含量很高的奶粉。

（4）拿一小袋奶粉出来冲泡。溶解速度越慢就越好，就说明奶质浓厚。如果同时能闻到浓郁的奶香，应该就是好奶粉。

如果经过了以上的判断，还是觉得不保险，那可以再用以下方法鉴定：

我们知道，淀粉和麦芽糊精中加入碘酒后颜色就会变蓝，而许多劣质奶粉中就掺有大量的淀粉或麦芽糊精，所以实验人员可以用加碘酒的方法来鉴别奶粉。

具体做法是：

（1）将奶粉样品用水溶解，然后分别滴入碘酒。真正的奶粉是纯牛奶做成的，加入碘酒后不会变色；而掺淀粉或者掺麦芽糊精的假奶粉，颜色会变蓝。

（2）可以采用火点燃的方法。把奶粉均匀地撒在一张纸上，然后用打火机点燃，闻它燃烧后的味道。如果是真正的奶粉，含有蛋白质的，那闻起来是一种焦臭味，类似于羊毛点着后的气味；如果是假奶粉，蛋白质很少或者根本不含蛋白质，就没有这种焦臭的味道。

91.洗衣液，“静电宝宝”的罪魁祸首

一到秋天，我们就像生活在“电场”中，衣服、身上很容易起静电，尤其是穿着毛衫、毛衣，脱的时候，甚至能听到噼里啪啦的声音。有时候手一摸带

着静电的衣物，还会有触电的感觉。

“静电”的存在对于我们大人来说没什么关系，可如果宝宝们穿上了这样的衣服，变成“静电宝宝”，静电肯定会伤及幼儿娇嫩的皮肤的。

同时，因为静电，还会吸附各种灰尘和细菌，使宝宝的皮肤出现红肿瘙痒、发炎等肌肤症状，抵抗力弱的孩子甚至还可能引发气管炎、哮喘等。

既然静电可能给宝宝们带来如此大的危害，我们又要怎么减少这种“静电”呢?

很简单，给宝宝洗衣服的洗衣液的选择非常重要。

我们先来了解一下洗衣液。

洗衣液有很多种类，家长们要想给宝宝选择好的洗衣液就要先了解洗衣液的分类。一般来说，洗衣液有三种类型：普通洗衣液、高档无磷洗衣液、概念型液体洗涤剂。

普通洗衣液属于中档产品，普通家庭大多会选用这种洗衣液，因为它相比其他两类，比较便宜。

高档无磷洗衣液比较贵，但却也环保。

概念型液体洗涤剂又分了好几种类型，如柔软型、杀菌型、抗菌型等。这类洗衣液因为分得比较细，所以单方面的功能比较强。

我们再来看看宝宝的衣料。

做父母的，大多会给宝宝选择棉质面料的衣物，因为棉质面料的衣物穿着舒服，而且副作用小。

不过，它的藏污性却很强，普通洗衣液不一定能洗干净。而且，普通洗衣液的刺激性相对较大，父母在给宝宝洗衣服时，如果把洗衣液没有完全清除干净，残留在衣物上的化学成分就会对宝宝皮肤造成很大的伤害。

所以说，给宝宝选择洗衣液的时候不能马虎，不能图便宜，而要选择质量好，没副作用的概念型液体洗涤剂。

因为这种洗衣液会在一定程度上间接地保护着宝宝。

随着气温逐渐升高，宝宝每天的流汗量开始变得多了起来。残留在衣服上的汗渍、奶渍及其他污垢如果得不到及时清洗，很容易滋生细菌，最后危害到宝宝的身体与皮肤健康。

因此，妈妈们需要为宝宝们选购一款温和的、清洁度好的洗衣液。

下面介绍几类在常用洗涤产品中，对宝宝皮肤有伤害的化学物质，以及对宝宝造成的不良影响：

（1）烷基苯磺酸钠：这种化学物质如果漂洗不彻底而残留，它会通过皮肤接触进入人体，并对人体中的淀粉酶、胰酶、胃蛋白酶的活性产生较大抑制作用，严重时还会引起人体中毒。

很多宝宝出现皮肤过敏现象，很可能就是这种物质在作怪。

（2）磷：磷会直接影响人体对钙的吸收，导致人体缺钙或诱发小儿软骨病。如果漂洗不净的话，会对宝宝娇嫩的肌肤产生刺激，导致皮肤过敏。

（3）铝盐：婴儿的衣服如果长期使用了含铝的洗涤剂，很容易使铝盐在人体内积累，并导致慢性中毒，严重时还会引起死亡。

（4）荧光剂：又称为荧光增白剂。这是一种可吸收紫外线而反射蓝光、磷光的化学染料。添加了荧光剂的洗衣液，虽然洗涤后衣服看上去白亮洁净，但组织纤维中往往会残留有荧光剂的成分。

大量研究证明，荧光剂不容易分解，很容易与人体中的蛋白结合。而荧光剂如果与皮肤黏膜接触，会对人体产生刺激，引发过敏及瘙痒，造成过敏性皮炎。

知道了洗涤剂中的以上物质会对宝宝身体造成伤害，父母们在给宝宝购买洗衣液的时候，就要避免几个误区。

首先是，洗衣液不是泡沫越多越好，泡沫少也并不意味着去污能力不强。

因为泡沫少，漂洗起来就会很容易，而且去污能力也不弱。但如果泡沫多了，也就证明洗衣液里面的添加剂比较多，不仅难以漂洗，而且去污能力也可能会不太理想。

有些家长认为，洗衣液反正是要兑水才能洗的，那么肯定是越稠越好。

当然不是这样。洗衣液稠仅仅只是因为里面添加了增稠剂而已。而且最便宜的增稠剂是食盐。食盐能有清洁能力吗？

知道了洗衣液不是越稠越好，那在选择时就该注意了。

有些妈妈认为，蓝色的洗衣液会给衣物染色。

这当然也是主观印象，因为蓝色洗认液并不会使白色衣物染色，甚至有可能让白色衣物更白。

了解了洗衣液的一些基本知识，我们再来看看如何挑选婴儿专用洗衣液。

挑选婴儿专用洗衣液，首先要留意这些洗衣液是否添加了上面所说的那些有害化学成分。

然后再选择植物配方、pH值中性、环保温和的洗衣液。

这些洗衣液不但不会刺激宝宝的肌肤，而且还具备了针对婴儿衣服常见污渍，有效清洗的能力。

下面一条条地教大家挑选婴儿洗衣液。

1.选用婴儿专用的品牌

很多妈妈会选用成人用的普通洗衣液来清洗婴儿衣物。而我们也知道，普通洗衣液中很多成分都是残留在衣物中的，会对宝宝的皮肤造成伤害。

2.婴儿衣物大多需要手洗，所以要选择中性的、无刺激的配方

这不仅会保护宝宝娇嫩的肌肤，而且也能保护妈妈们的双手。

3.要选用那些看起来比较稀的洗衣液

因为洗衣液中，大部分是纯净水，有效成分只有一少部分，所以看起来很稀。那些看着浓稠的液体，实际上是加入了增稠剂，对洗涤并没有帮助。

4.看洗衣液是不是透明的

好的洗衣液不应当添加色素，应该有种透明感，这样才不会影响清洁度。

5.将洗衣液倒在血渍中，看它是不是很快分解，而且容易清洗

如果分解快，又容易清洗，说明它的除菌功能很好。

6.将洗衣液倒在圆珠笔渍上，看它是不是马上分解，而且很快能清洗干净

如果是，证明洗衣液的去污力很强。

7.用pH值测试洗衣液是不是在6.0—6.8之间

好的洗衣液应该呈弱酸性状态。不要被商家的宣传口号牵着鼻子走。

摆脱“静电宝宝”的小窍门：为了防止静电的产生，不少妈妈选择在洗衣服时，使用具有防静电功能的洗衣液，这样可以在衣物纤维表面形成一层保护膜，减少纤维之间的缠结，能有效减少衣物纤维之间的摩擦，大大降低了静电在织物上累积的可能，达到保护宝宝的目的。

82.童车会影响宝宝骨骼发育吗？

每个城市里的宝宝，从出生到会走路，再到上幼儿园，基本上都会拥有各个时期的童车。

刚出生是婴儿车，学走路时是学步车，再长大一点还有儿童自行车等。

总之，给孩子选购童车，也不是一件简单的事。

对于童车的购买，很多家庭可以说都是根据大人的喜好，或者看到市场上流行什么童车就给买什么童车。殊不知这样很可能对宝宝的成长发育造成影响。

因为正处于幼儿生长发育期的宝宝，他们的骨质比较柔软，肌肉的力量比较弱，尤其是脊柱椎骨之间的软骨特别发达，生理弯曲尚未固定，容易受到外界影响。

如果给孩子购买的童车高度不适当，孩子坐在童车上的姿势不准确，都会引起孩子脊柱的畸形。

注意点：幼儿的骨盆发育不成熟，在他们骑车时跳下的场地，地面一定不能过硬，以免使组成髋骨的各骨转位。特别是小女孩，在骑车时一定更要多加保护，以免影响她们盆腔的发育。

当然，更应该注意的是：骑童车可能会影响孩子四肢骨骼的发育。

幼儿骑车时需要用腕部骨骼及肌肉的配合。婴幼儿的腕骨在3岁以后才逐渐骨化，且骨化过程比较慢，腕肌发育也较晚。

因此，活动时要尽量避免腕部损伤。

同时，儿童长久骑童车，很可能出现以下两种下肢发育异常：

（1）两膝盖内侧突出膨大，两条小腿向外撇，看上去像“X”形。

（2）两条小腿向外弯曲，两踝关节并拢时（立正姿势）膝关节不能靠拢而呈“O”形，即所谓的“罗圈腿”。

这两种腿型的形成，究其原因是因为部分童车的设计不合理，如两脚蹬的间距太宽，座鞍与脚蹬的距离过长或过短等。

再加上年幼的孩子腿短，他们需要努力伸才能够得到脚蹬，而稍大的孩子腿又较长，骑车时不得不弯曲双腿，这些情况均极易影响儿童下肢骨骼的正常发育，出现形态异常。

因此，父母在为孩子选购童车时，一定要注意童车脚蹬间距、座鞍与脚蹬的间距是否符合儿童的生理特点。童车座鞍高低最好是可调试的。

同时，父母还应该经常检查孩子的双腿，发现异常时要及时矫正。对轻度的“X”形腿，可让孩子盘膝而坐，每次20分钟左右，每天2次，情况严重者，应去医院矫正。

儿童骑车应该注意：

经常检查童车有无损坏并保持清洁。

幼儿每次骑车的时间不宜太长。

千万不要让孩子骑童车上马路，以免翻倒、摔伤。

通常，3岁以下儿童不要骑童车，以三轮童车为宜。孩子长到一定高度后，也不宜再骑童车。

生活小常识：

针对宝宝的婴儿推车，给大家推荐几种挑选准则：

（1）当然是考虑婴儿推车是否适合新生儿。我们知道，新生儿在婴儿推车里，基本都是完全躺平的，所以推车上的座位是否设有躺平设置非常重要。

（2）看我们选择的婴儿推车是否能同时变成婴儿床。对于一些有私家车的家庭来说，在带着婴儿坐私家车时，还要考虑汽车安全座椅是否能卡入推车框架。因为只有能卡入，才能把宝宝在从车里移到推车中时不至于吵醒他（她）。

83.毛绒玩具引发宝宝过敏？

玩具对于宝宝来说是永恒的期待和最亲密的伙伴。因此，父母在为宝宝挑选玩具时，通常都是要费一番心思的。

其实，无论什么玩具，除了给宝宝带来喜悦的心情外，安全性对于他们来说，才是最重要的。

毛绒玩具作为玩具的一种，深受幼儿的喜欢。因为毛绒玩具能让他们感到安全和不孤独。

很多孩子会把毛绒玩具当成可以沟通的伙伴，更有很多孩子在睡觉时，也要抱着它才行。

毛绒玩具经常会和孩子“零距离”接触。家长忙了时，很可能也会丢给孩子一个毛绒玩具，让他们抱着玩，自己做自己的事。

家长们不知道，这样做却是很危险的。因为毛绒玩具中暗藏着一些安全隐患。如果长期接触这些质量低劣的毛绒玩具，很可能引发皮肤过敏等病症，严重者还会引发哮喘。

所谓毛绒玩具，是指用各种化纤、纯棉、长毛绒、短绒等原料通过剪裁、缝制等工序而制作的玩具，因为这个玩具的大部分是填充物，所以也称为填充玩具。

贪玩的孩子们会经常抱着毛绒玩具睡觉，有些甚至还会拿毛绒玩具咬着玩。这些都可能让孩子产生诸如呼吸道感染等疾病，严重的还会引起支气管痉挛、咳嗽甚至哮喘等，部分小孩会出现湿疹等皮肤过敏现象。

此外，一些毛绒玩具的眼睛、鼻子、扣子等，都是被粘贴到玩具上的。很可能划伤小孩皮肤，或者这些小部件被孩子不慎吞到肚子里。

因此，家长们在购买毛绒玩具时，除了要精挑细选外，还要定期对毛绒玩具进行清洁、消毒和检查，以消除安全隐患。

那么，妈妈们要怎样为可爱的宝宝选购毛绒玩具呢?

合格的毛绒玩具要有3C认证标志、主要材质或者成分、使用年龄段、安全警示语、维护保养方法、执行标准代号、产品合格证等标注信息。

看它是否是正规厂家出品，另外还要从以下四个方面做仔细检查：

首先，先看毛绒玩具外表布绒用料。原料档次是决定毛绒玩具质量的一个重要因素。

其次，看毛绒玩具内部的填充物。好的填充棉摸上去像羽绒服一样，感觉很软而且很均匀，不会有任何异物感和硬物感。

再次，再看小配件是否牢固。玩具的眼睛，鼻子和突起物需要承受一定的拉力。

最后，要认清产品商标，选购一些正规厂家的商品。

以下列出几种毛绒玩具存在的安全隐患，并对其做出相应的处置：

（1）容易隐藏灰尘，且毛质不易清洗。很可能引起宝宝的过敏反应。

策略：经常对毛绒玩具进行清洗。

（2）玩具上的眼睛、毛球等小装饰物，不够牢固，存在被宝宝误食或放入鼻孔造成窒息的危险。

策略：购买毛绒玩具时，先用手指拉拉玩具的眼、鼻等小零件，看看是否容易脱落。再检查拼缝边的牢固度及填充口部分针距是否过大等，避免小零件松脱和填充棉被掏出，被宝宝误食。

毛绒玩具非常柔软可爱，很多妈妈在宝宝一出生后，就把这些可爱的玩具放在了宝宝身边。可妈妈们没想到，当毛绒玩具放在小婴儿身边时，很可能引起宝宝过敏。严重者还可能造成宝宝窒息。

所以说，毛绒玩具并不是适合所有宝宝，也并不是所有年龄段的宝宝都适合玩毛绒玩具。

那么，宝宝什么时候玩毛绒玩具最好呢?

1到2岁的时候。这是给孩子毛绒玩具的最佳年龄。因为对于这个年龄段的宝宝来说，毛绒玩具可能是他最好的伙伴了，对他们良好个性的培养非常有好处。

什么样的毛绒玩具最讨宝宝们喜欢?

(1)不要太大。这样宝宝们就可以带着它们到任何地方。而且毛绒玩具的质量一定要好，毛绒不宜过长、过细。

(2)毛绒玩具容易沾染灰尘，因此要经常清洗。可以选择那些可以机洗、又易晾干的毛绒玩具。

生活小常识:

父母们给宝宝毛绒玩具时，最好能同时多给他们准备几个，引导宝宝“公平”地对待它们，如轮流带它们出门，睡觉时每天选不同的陪伴等。这样可以防止宝宝过分地依恋某一个毛绒玩具，也可以预防他们孤僻个性的形成。

84.别让玩具成为孩子的“隐形杀手”

相关资料显示，我国每年因为孩子玩玩具而造成的伤害，数量正日趋上升。玩具存在的质量与安全隐患，成了我们社会和家长不得不关注的问题。

部分假冒伪劣、粗制滥造的玩具产品俨然成了孩子们身心健康的头号“隐形杀手”。以下归纳出日常生活中，孩子们最喜欢玩，最常玩，又最危险的九大“杀手”列举出来，供家长们在选购玩具时参考。

1.弹射玩具

就是指玩具本身可以通过外力作用进行弹射，做抛物线运动或直接击中目标的玩具。弹射玩具是小男孩们的最爱，但也成了孩子们的“玩具杀手”之一。

隐患：弹射玩具包括玩具手枪、水枪，以及曾经在我国民间普遍使用的弹弓、弓箭等，还有现在很多家庭都有的各种飞镖玩具等。这些玩具里弹射出的物体，很可能会伤害孩子们的眼睛，以及身体的其他部位。所以千万要让孩子尽可能远离各种危险的弹射玩具。

2.带绳的玩具

就是指各种拴有绳子的玩具，其中包括各种带绳饰品、溜溜球等。

隐患：这些带绳的玩具，稍不注意，很容易让绳子缠在孩子的手指或脖子上。时间长了，轻则造成指端缺血坏死，重则能让宝宝窒息。因此，在给孩子选择带绳玩具时，绳子的长度绝对不能超过宝宝的颈部周长。年龄小的孩子最好不要玩这类玩具。

3.面具玩具

大多为塑料制品，也有用纸浆或者木浆压制成的。这些面具玩具大多图案是卡通人形或者动物的形状，很受孩子们喜欢。所以他们总会高兴地将它们戴在脸上。

隐患：这些面具里大多含有有毒化学物质，如果被孩子吸入体内，很可能造成伤害。另外，有些面具玩具本身密不透风，在口和鼻子处没有留下呼吸的地方，如果孩子长时间佩戴会造成大脑缺氧，使孩子出现头晕、眼花现象，严重时还会造成窒息。判断一个面具玩具的危险状况，要看这个玩具口腔和鼻腔的进气孔大小是否安全，然后再看这个面具玩具的原材料是否合格，是否含有有毒物质。

4.气球玩具

凡是小孩，即使是以前的小孩，也是玩过气球这种玩具的。气球通常为橡胶或塑料制品，内充空气或者氢气，色彩艳丽，形状多变。

隐患：首先是气球爆炸容易给孩子造成伤害，特别是氢气球，如果遇到火焰，还可能引起剧烈的燃烧；其次是气球碎片一旦进入孩子的呼吸道，是很难取出来的。这将直接威胁孩子的生命安全。

因此，在孩子玩气球时，家长们一定要多加注意。如果气球被孩子抓破，也要及时清理每一块碎片，以免被孩子吞食。

5.体积较小的玩具

多为积木及其他小饰品。这些玩具的材质大部分是金属或者塑料，也包括扣子、硬币等其他比较常见的日用品。它们体积较小，颜色鲜艳，也很让孩子们喜欢。但因为体积小，存在的危险也较大。

隐患：平时如果不注意，放在了孩子们能轻易拿到的地方，在孩子还不能自主分辨哪些是玩具，哪些是食物的时候，很可能会吃在嘴里，如果卡在喉咙里，很可能引起孩子的窒息。即使没有卡在喉咙里，而是被吞咽进了肚子，也会把病菌带进体内。所以一定要避免让孩子们接触到太小的玩具。在选择玩具的时候，也要注意其体积是不是大于孩子口腔的直径。

6.金属制玩具

这类玩具通常以金属作为主要材质，或者全部由金属制成，边角坚硬，毛刺较多，漆料里有可能含有毒物质。

隐患：这种玩具的危害非常多，家长要多加小心，最好不要给五岁以下的宝宝购买。第一，很多金属玩具比较尖锐锋利，容易割伤孩子的皮肤，造成外伤；第二，某些金属玩具外面涂有釉漆作为装饰，这些釉漆可能含有一些对人身有危害的重金属，比如铅等，存在安全隐患。

7.不光滑的玩具

这些玩具的材质比较坚硬，表面又凸凹不平，或者本身棱角比较尖锐，极易对孩子的身体造成危害。

隐患：比较尖锐的玩具能挫伤或者割伤孩子。建议家长首先别给孩子买不光滑的玩具，其次及时检查孩子正在玩耍的玩具，一旦发现破损，立即修复或者淘汰。

8.儿童玩具车

这是区别于成人车的一种儿童行驶玩具，种类繁多。这类玩具从外观上包括两轮、三轮、四轮等。有些可以像大人一样坐在上面开，有些则要借助外力来推动。

隐患：这类玩具极易绞进孩子的头发、鞋带等较长的东西，造成安全隐患。况且玩具车的坐椅不够安全，甚至没有安全带，无法很好地固定孩子，容易导致孩子跌落受伤。因此，无论使用何种玩具车，家长都应在旁边监护。并要在平坦的安全地面上行驶，切不可驶入公共交通道路。

9.音乐玩具

这类玩具大多通过技术手段和内置设备，能发出音乐。一般使用电池作为能量源，有些还能随着音乐做一些简单动作。

隐患：因为能发出声音，很可能因为音响声音过大，或者因为玩具使用电池固定的不是很牢靠，给宝宝造成伤害。所以在给宝宝选择音乐玩具时，首先应该选择声音适中、悦耳动听的音乐玩具。过大的音乐会损害宝宝的听力，音乐太多而嘈杂则会影响孩子的情绪；另外，大部分音乐玩具都是用电池作为能源，这些电池很容易被宝宝抠掉，特别是一些钮扣电池，有被孩子吞食的危险，所以购买带电池的玩具时要看电池盒是否有可靠的螺丝固定。

总之，玩具原本是给孩子带来快乐的，千万别让玩具带给孩子痛苦。

85.小心，餐具也能让宝宝铅中毒

奶瓶的品种式样越来越多，为了吸引家长和宝宝，奶瓶上也都印有各式鲜艳图案。可大家也许不知道，这些有鲜艳图案的奶瓶，很可能会使宝宝染病。

而之所以它们会让宝宝染病，就是因为餐具里的铅熔出量。

铅熔出量主要来自于陶瓷颜料的贴画等。比如，装饰材料面积过大、烤花温度不够或工艺处理不当等，都会引起铅溶出量超标的。

有些人又说了，既然国内的彩瓷用品不安全，那还是买国外的吧。

殊不知，即使是国外引进的彩瓷用品，仍然很可能会铅熔出量的。万万不能盲目地有“外来和尚会念经”的想法。

据调查，市场上几个品牌奶瓶的表面彩色图案，它的重金属释出量就很惊人，仅铅释放量就超出了欧洲安全标准2-20倍，铬量超出1-5倍。

铅污染对宝宝的危害往往是潜在的，在损害中枢神经系统之前，往往缺乏明显和典型的临床表现，进而被家长们忽视。

更为严重的是，铅对中枢神经系统的毒性作用。当宝宝体内的血铅水平超过1毫克／升时，就会对智能发育产生不可逆转的损害。

因此，在日常生活中，我们除了对餐具进行卫生消毒外。在选择宝宝的餐具、奶瓶时，也应该避免那些过于亮丽的彩釉陶瓷和水晶制品，以免“铅毒”暗藏杀机，损伤身体。

选购宝宝餐具的原则：

（1）餐具要注重品牌，确保材料和色料的纯净，要保证它安全无毒。

（2）餐具要体现出宝宝的特点，小巧别致，实用方便，并能便于外出携带。设计也要人性化、多元化，并要防刮伤、渗漏，保持卫生。

（3）要尽量选择那些不易脆化、老化、摔打和经得起磕碰，在摩擦过程中不易起毛边的餐具。

（4）可以挑选内侧没有彩绘图案的器皿，千万不要选择涂漆的餐具。

（5）尽量不要选用塑料餐具。如果是塑料餐具，也要避免盛装热腾腾的食物。

（6）及时彻底地清洁餐具，以免细菌滋生。另外，宝宝与成人的餐具一定要分开放置。

选购方法：

（1）看品牌。大的商家，在质量上肯定会多注意。同时，这些知名品牌大多也都是经过了国家相关部门的检测，更具安全性一些。

（2）款式与功能。现在餐具的款式五花八门、形状各异。那些特殊形状的勺子，方便宝宝把饭送进嘴里。不过，餐具的款式虽然多，但还是要以方便实用、外形浑圆为好。

如果孩子调皮，经常弄翻碗，可以选择那种底座带吸盘的碗，这样就能吸附在桌面上不易被打翻了；还有最好选择那些有感温的碗和勺子，便于妈妈们掌握温度，不至于把宝宝烫伤；选择那些耐高温，而且还能进行高温消毒的餐具，这样就能保证宝宝使用餐具的安全和卫生。

（3）材质与色彩。用来制作餐具的材料有很多：塑料、陶瓷、玻璃、不锈钢、竹木、密胺等，而宝宝餐具的制作材料通常为塑料、不锈钢、竹木、密胺等。

下面对各种材质的餐具作一详细介绍：

塑料：塑料餐具是由高分子化合物聚合而成，在加工过程中会添加一些溶剂、可塑剂与着色剂等，有一定毒性。而且还容易附着油垢，比较难以清洗，所以塑料材质的餐具并不是理想的餐具。

当然，如果非常喜欢塑料餐具，最好还是选择那些无色透明、没有装饰图案或图案在餐具内壁的产品。

千万不要购买和使用有气味、色彩鲜艳、颜色杂乱的塑料餐具。因为这样的餐具，颜色中铅的含量比较高，容易引起铅中毒。

不锈钢：不锈钢餐具上通常有“13—0”、“18—0”、“18—8”三种代号。在代号中，前面的数字表示铬含量，后面的代表镍含量。铬是使产品不生锈的材料，而镍是耐腐蚀材料。在餐具中，镍含量越高，就代表质量越好。不过，镍、铬是重金属，如果产品不合格及使用不当，都会危害我们的身体健康。

竹木：这种餐具本身不具有毒性，但竹木上一旦涂上了含铅的油漆，就会被酸性物质溶解，而且剥落的漆块会直接进入消化道。宝宝吸收铅的速度通常比成人快6倍，如果宝宝用了这种含铅的竹木餐具，体内含铅量过高的话，是会影响宝宝的智力发育的。

密胺：密胺餐具是比较适合宝宝的餐具，也是我们重点推荐给各位家长的。它一般具有5个优点：

（1）它具有陶瓷般的手感，而且质地光滑，无毒无味。符合国家食品卫生标准和美国FDA卫生标准。

（2）这种餐具耐冲击，而且使用寿命长。

（3）密胺耐热性强，可在120℃以下的洗碗机里清洗、消毒。

（4）这种餐具保温好，也不烫手。

（5）密胺制作的餐具化学稳定性好，不容易残存食物味道，所以就是做成各种颜色也很安全。

温馨提醒：不过，挑选密胺餐具时也要擦亮眼睛。因为密胺粉的价格比较高，有些不法厂商直接用脲醛类的模塑粉为原料来生产，充当密胺餐具，这种餐具对人体有害。

所以，家长们一定要到正规商店购买，选购时也要看器具是否有明显变形，色差，表面是否光滑，贴画图案是否清晰、不起皱。对于那些有颜色的餐具，可以先用白色餐巾纸来回擦试，看它是否退色等。

86.儿童用电动牙刷有弊端

很多家长肯定有这种感受，让孩子自觉去刷牙很难。孩子之所以不爱刷牙，很可能是不会刷，或者刷不好。

于是，敏锐的商家瞅准了商机，市场上逐渐出现了一些卡通造型的电动牙刷。这些卡通电动牙刷吸引着孩子，也帮家长们解决了孩子不爱刷牙的难题。

不过，孩子虽然喜欢刷牙了，但对于儿童而言，电动牙刷清洁牙齿的效果也不一定比传统的好。

我们先来看看电动牙刷的工作原理：

它是通过快速旋转，使刷头产生高频振动，瞬间将牙膏分解成细微泡沫来清洁牙齿的。这种操作方式让电动牙刷具有不可控性，即方向、力度都是事先设定的，不能人为地操作调整。

所以遇到牙齿不整齐的人，电动牙刷是无法对某个区域重点刷洗的，它总是一个方向，频频在牙齿表面旋转清洁，有些牙齿间隙也是刷不到的。

对于牙齿没有异常的成人来说，电动牙刷优于普通牙刷的地方就在于它能够通过振荡，更好地去除牙菌斑。但孩子的牙齿不像成年人，很少有牙石等顽固的东西存在，很可能只是一些软垢，所以完全没有必要大力去摩擦。

相反地，如果电动牙刷的质量不过关，再加上孩子的使用方法不当，如用力过猛、角度掌握不好或对某个部位刷得时间过长等，都有可能损伤牙周组织。

此外，市场上的那些儿童用电动牙刷，在制作标准上，对于其刷头的大小、刷毛的软硬程度都还没有严格的细分，家长难以把握到底什么样的适合孩子。如果不小心买了刷毛太硬、功率过大的牙刷，很可能会损伤牙齿、牙龈。

所以，最保险的做法就是，按照牙刷标注的适合年龄来购买。

电动牙刷的刷头偏硬，如果长期使用很可能损伤牙龈。而一些质地比较脆弱的牙齿根本承受不了电动牙刷的旋转力度。

建议：不要长期使用电动牙刷，特别是儿童的防御能力更弱，儿童7岁前最好不要使用电动牙刷。

儿童使用电动牙刷的危害：

电动牙刷的频率和力度是固定的，由于儿童一时不能掌握合适的使用方法，所以很容易损伤稚嫩的牙龈，使牙龈出现红肿的症状，同时还会使牙齿遭到剧烈的磨损。严重者还会引发牙周炎，导致牙齿脱落。

如果非要使用电动牙刷的话，也要注意以下几个方面：

（1）电动牙刷分为插电源和用电池驱动两种类型。它与传统的手动牙刷相比，在电力驱动下，刷头以每分钟几千转乃至上万次的速度运动，效率远高于手动牙刷。所以对刷毛的选择就重要很多，以不损伤牙龈为准则。

（2）刷头的大小也要因人而异。买牙刷的时候，首先要看刷头的大小。刷头的选择，一般以保证它在口腔中能灵活转动为准则。儿童口腔小，刷头就需更小。

总的来说，刷头的大小要根据个人的情况而定，需要综合考虑口腔大小、张口程度及个人习惯等因素，没有统一的标准。

专家们曾建议，成人的牙刷应是：刷头长约2.54–3.18厘米，宽约0.79–0.95厘米；刷毛2–4排，每排5–12束。

不过，成人也可以选择刷头为2.3厘米长、0.8厘米宽的儿童牙刷。

（3）看刷毛软硬。刷毛要选择软硬适中，或稍软的。

不过，值得注意的是，太软的毛容易刷不干净。以前的刷毛都用猪鬃毛制成，十分硬，容易伤害牙齿和牙龈，现在已经基本上淘汰掉了。目前，很多的牙刷刷毛是用尼龙丝制成的。

小常识：具体来说，牙刷的刷毛可分为两种——普通丝和杜邦丝。杜邦丝的弹性比较好，不容易倒。

（4）刷毛的磨毛处理也很重要。刷毛在切割后，如果没有经过圆滑处理，很容易因为太过尖锐而造成伤害。

把刷毛尖磨圆的磨毛牙刷，可以防止这种伤害，对牙龈的保护作用也就更强。

生活小常识：

牙刷最好每3个月更换一次。因为使用时间过长，刷毛里就会积存细菌，不利口腔健康。

使用杜邦丝刷毛的人不要因为刷毛没倒而不更换牙刷。此外，刷头是方形还是钻石形、刷毛上缘齐平还是呈波浪形、刷柄是弯是直，对刷牙效果并没什么影响。

刷牙用最普通的直柄牙刷就很好了。

87.安抚奶嘴用久了，宝宝嘴巴会变形

安抚奶嘴也叫假奶头，是一种慰藉物（pacitier），吮吸假奶头的行为和吮指有相似的地方，都是通过吮吸动作来获得满足。

不过，有一点不同，吮指是儿童在发展过程中主动、自己出现的，而口含假奶头则是人为的，是家长们给他（她）的。

因为安抚奶嘴的出现，给很多年轻父母减轻了负担。有了安慰奶嘴后，宝宝们也安静多了。所以安慰奶嘴成了父母们哄宝宝的“法宝”。

可大家是否知道，安抚奶嘴也是有很多弊病的：

（1）从生理学的角度来看，由于宝宝与生俱来的条件反射、吮吸反射会随着时间的推移逐渐消失，如果父母一直给宝宝含奶嘴，无疑是在强化这一反射，久而久之会让他们产生依赖。

（2）宝宝在不停吮吸奶嘴的时候，空气会随着他们的吞咽动作从两侧嘴角进入口腔，进而进入胃里。当胃承受不了奶和空气的容量时便会收缩，引起小儿溢乳。

（3）宝宝不断地吮奶嘴的话，其胃肠道也会条件反射地跟着蠕动，频繁的蠕动会使宝宝发生肠痉挛，引起腹痛。

（4）长期使用安抚奶嘴，很容易影响宝宝上下颌骨的发育，也会使宝宝形成高腭弓，导致上下牙齿咬合不正，影响嘴唇外观。

即使一定要给宝宝用，也要注意以下几点：

（1）注意安抚奶嘴的卫生，以免将细菌带入宝宝嘴里。

每天记得清洁并消毒安抚奶嘴，当奶嘴掉在地上或碰到脏物时，一定要马上清洗干净，更不能让其他宝宝来共用这个奶嘴。

（2）通常情况下，无须经常更换不同类型的安抚奶嘴。

一般情况下，1—2个月更换一次奶嘴就可以了。如果安抚奶嘴出现了老化、有裂纹、变形破损等情况，则要及时更换。

（3）一定要避免为了方便将安抚奶嘴挂在宝宝脖子上。这种做法不仅会影响宝宝活动，甚至有可能绕住宝宝的脖子或胳膊，给宝宝造成窒息危险。

（4）使用安抚奶嘴的时间不要太长，最好能在宝宝10个月至1岁前停止使用。

可以采用转移视线法，家长多和宝宝待在一起，多陪陪他们，慢慢减少他们使用安抚奶嘴的时间，直到戒掉安抚奶嘴。

88.隐藏着危险的宝宝牙胶

宝宝快要出牙时，很喜欢咬东西，而且容易流涎水。

于是，牙胶就出现了。由于牙胶比较软，又容易清洗，完全满足了婴儿牙痒之需，并能减缓宝宝出牙时牙龈的不适感。

因此，牙胶深受父母的喜欢，也成了给宝宝必备的东西。可家长们是否又知道，如果牙胶的购买或使用不当，很可能对宝宝的身体造成影响。

和奶嘴一样，牙胶如果长期使用，也会影响宝宝上下颌骨的发育，也会使宝宝形成高腭弓，导致上下牙齿咬合不正，所以不建议长期使用。

那么为了减轻牙胶带给孩子的伤害，我们要怎么选择合适的牙胶呢？方法如下：

（1）查看是否符合国家安全检验标准。

（2）看它的材质是否安全无毒。

（3）一定不要选用那些有小物件的牙胶，避免宝宝有误吞的危险。

（4）牙胶尽量选择那种容易让宝宝取握的形状。

（5）如果买水胶，需要检查内部液体是否有渗漏现象。

除了牙胶外，还有一些能够替代牙胶作用的磨牙产品，如磨牙食品。

在婴儿长牙期的护理，家长们一定要选用合适的磨牙产品。目前，市面上常用的磨牙产品主要有磨牙器（牙胶）和磨牙食品。

对于琳琅满目的婴儿磨牙产品，妈妈应该如何选择呢？以下对磨牙器和磨牙食品作一详细介绍：

磨牙器：磨牙器是一种专门为宝宝设计的磨牙玩具，常见的有牙胶。

在有些牙胶中，含有麻醉剂和消毒剂，这些物质和磨牙棒在宝宝使用过程中，一起起着缓解牙疼痛和预防感染的作用。

不过，一般来说，一天使用此类产品的次数应少于6次。而且因为宝宝仍在母乳喂养阶段，所以要避免在喂乳前使用此类产品。不然很可能麻痹宝宝的舌头，使宝宝吮吸困难，无法吸食母乳。

同时，还要特别关注磨牙器的材质和安全性，以免给宝宝造成危险。

当然，磨牙器一般由乳胶或其他非食品材质制成。没有什么味道，在磨牙时，无法满足宝宝对食物的需求和味觉的培养，很容易让宝宝感到厌倦。

所以，便又引申出了一种磨牙产品——磨牙食品。

磨牙食品：它在满足了宝宝磨牙需求的同时，又可作为食品为宝宝提供美味和营养。目前市面上的磨牙食品主要是磨牙饼干和磨牙棒。

（1）磨牙饼干是采用饼干工艺制作的一种食品。磨牙饼干口味丰富，并有一定的营养价值，所以深受一部分家长的喜欢。

但是，磨牙饼干也是有缺陷的。它不适宜给过小的宝宝使用。因为宝宝在食用时，饼干会产生大量粒度不均的碎屑，有呛噎到宝宝的危险。

还有，磨牙饼干因为过硬也不能满足宝宝磨牙的需要，并且容易被宝宝咬碎并溶解在口中，起不到磨牙的效果。

注意：妈妈在选择磨牙饼干时一定要注意，不要选择添加香精或口味太重的饼干，以免影响宝宝的味觉培养。

（2）磨牙棒是采用纯天然食品原料，用先进的发酵工艺制作而成的一种磨牙食品。在澳洲、美国等国家被广泛使用。其安全性和实用性也得到了证实。

总之，出牙期是宝宝成长过程中的一个重要阶段。科学的牙齿护理及磨牙可以帮助宝宝缓解出牙时的不适，有助于宝宝牙齿的健康发育。所以选择合适的磨牙产品，是确保宝宝安全、健康、营养的磨出一口好牙的关键。

89.儿童颈椎健康，从书包做起

颈椎病是当前人们高发的一种疾病，甚至可以说是“现代病”。经常坐在电脑前的人，很多人颈椎都有问题，颈椎病给我们的身体带来了极大的危害：头痛头晕，脖子僵硬，严重者甚至会瘫痪。

年轻人患颈椎病已经够让人吃惊的了，而患者的日趋低龄化，更让我们大吃一惊。

曾经的老年病，不仅在年轻人中多了起来，就是在孩子中也多了起来，而且竟然是背书包背出来的。

背书包能背出颈椎病，有多少人相信？

但这却是真的。

孩子背着的书包越来越重，给颈、肩部肌肉造成了很大的压力，致使很多青少年患上姿态性劳损为主的颈椎病。

既然知道过重的书包会导致孩子患上颈椎病，那么，在日常生活中，孩子书包的选择和书包的重量，就要注意了。

我们知道，尽管不少家长给孩子配备了比较适合未成年人的双肩背囊式书包，但却没有意识到孩子肩膀上到底能承受多大的负担。

孩子肩上承受的重量，也是有一定的标准的，比如说，6—7岁半的孩子背负的重量不可超过2.5千克；8—9岁半的孩子不能超过3千克；10—11岁半的孩子的最高承受重量也只是5千克。

尽管现在全社会都在嚷着解放孩子的天性，为孩子“减负”，让孩子的作业少点，书包轻点，但不少孩子的作业依然那么多，书包重量依旧超出标准。

每到这时候，无论是老师还是家长，都在说：“这还不是为了孩子好吗？”

如果孩子长期背着超过自己应该承受重量的书包去上学，很有可能会导致颈肩腰背痛、肌肉软组织损伤等，更会造成颈椎病、脊柱侧弯的发生。

这样做真是为孩子好吗？

在全社会为孩子减负的呐喊声中，做家长的，为了避免孩子背出颈椎病，要看孩子书包的重量是不是超过了体重的15%。

人体自然的重心在正中间，如果头不由自主往下栽，也就代表重心前移，这是驼背的表现。所以当孩子书包过重时，为了平衡背上书包身体重心往后倒的情况，头必定会往前倾。

家长们在发现孩子这种背书包姿势时，就要注意，并为他们书包“减负”了。不然，久而久之，孩子就会习惯含胸走路了。

建议：在孩子书包的重量超过自身体重的15%时，家长应该和孩子们一起，养成每天整理书包的好习惯，把暂时不用的书取掉。

如今孩子们常用的，且不利健康的三种书包有：

单肩包：这是20世纪六七十年代就开始用的书包，在如今，又开始流行开来了。

由于斜挎的书包会使肩膀的一边受力，所以容易导致左右肩膀用力不均匀。再加上书本重量不轻，长期下去必会导致肩膀、脊椎劳损，甚至脊椎侧弯。

也有些孩子喜欢把原本的双肩包移到单肩上来背。

手拉包：也就是拉杠式书包。这是近年来火爆起来的，这种书包像旅行箱一样有拉杠和轮子，可以拖着走。虽然这种书包能让孩子的肩膀解放，但却也容易使手腕受力。

这种设计让书包的重心严重不稳，时间长了，容易扭伤手腕。

前背书包：把原本背在后面的书包背到胸前来，这是如今大街上最常见的背法。这种背法初衷是为了防小偷。但如果书包过重，前背只会增加腰部负荷，造成腰部劳损的可能性和危险也就增多了。

所以选个好书包很重要，务必注意以下6点：

（1）最好选择一些宽带、有垫肩的书包。如果书包的背带不仅宽、有垫肩，而且还有一个托重腰带，那就更好了。可以均匀地分散压力，不会给背部和肩部造成过大的伤害。

（2）别忘了检查书包里面的各个部分，最好选用那些分区比较多的。分区多的书包既可起到分门别类装课本和各种文具的作用，还可使书包重量均匀。

（3）书包上的口袋和网眼不要太多，否则很容易被尖锐物钩住，造成危险。同时还要避免书包有太多金属扣或金属拉链。因为过多金属配件除了会增加书包的重量外，还有可能对腰背造成伤害。

（4）背囊的背部最好有软垫，软垫可以帮助散热，让孩子在背着的时候不至于“汗流浃背”。

（5）可以考虑选小点的书包。选择一些能够装下孩子书本和文具的最小的书包。一般来说，书包不应比孩子的身体还宽。而且背在身上，书包底部不要低于孩子腰部10厘米。

（6）选书包时要考虑书包的材质。可以选择用轻质尼龙或帆布制成的书包，而不用皮革或其他厚重材质制作的。

第五章
儿童用品及文具类

90.“毒”文具还在用吗?

去过儿童文具店的父母都会有种感受，在自己那个年代，去文具店购买文具时，除了学习本就是铅笔、毛笔、文具盒。况且文具盒也是简单的铁皮的，不同的是文具盒上的花纹。

可如今，那五颜六色的油画棒、镶表的文具盒、香气扑鼻的橡皮、小巧玲珑的固体胶……这些琳琅满目的文具在吸引了不少学生的目光时，也吸引了大人的注意。

然而，在这些时尚、新潮、功能巨多的文具中，却隐藏着很多“毒”素。不过，这些“毒素”很少被我们重视，甚至可以说是被它们“迷人”的外表蒙蔽了双眼。

文具不合格的有很多，在不合格的文具中，隐藏着的一些危害却也是我们不能忽视的。比如说，一些游离甲醛项目的超标，重金属项目的超标等。

所以在购买文具时，千万不要光盯着“好看”，还要看看它是不是安全。

在常用文具中，很大一部分都含有不同程度的有毒化学物质，使用不慎就会影响孩子们的健康。

比如说，固体胶和液体胶水。它们里面是含有甲醛成分的。如果甲醛含量过高，将会对孩子幼小的身体产生危害。

还有涂改液。涂改液里含有“苯”等有害物质，如果长期接触这种“毒”素，孩子的身体可想而知。

还有孩子们每天都必须接触的作业本。作业本的纸张如果过于洁白，很可能是添加了大量荧光增白剂。长期使用就会影响孩子们的视力。

当然，有“毒”文具还不只这么多。

所以在购买学生用品时，最好到正规的超市、商场等经营场所去购买。而且要购买那些在正规企业生产的产品。同时，也不要一味地追求外观漂亮。因为往往越是“装饰过度”、“香气过度”的文具，它们里面的甲醛含量和一些添加物质就越多。

我们下面说说孩子们最喜欢的“香味文具”吧！

它的危害，绝对是多多，所以完全可以把这些“香味文具”叫成“有毒文具”。

市场上很常见的香味文具，气味颇多，有草莓味、哈密瓜味、香橙味、奶香味等。

使用这样的文具，是不是觉得是种享受呢？说不定很多孩子为了闻不同气味的文具，还会每个气味都买一些，甚至会不停凑到鼻子上去闻。

殊不知，这些带着诱惑味道的文具，有很多是有毒的。为了孩子们的健康，在我们选择文具时，一定要慎重考虑，慎之又慎。

下面具体说说这些“有毒”文具。

（1）荧光纸、荧光笔、香味笔、油画棒、涂改液都含有有毒物质。涂改液含苯，荧光纸的增白剂含有潜在能致癌的因素。

注：文具中带有的香味是合成的化学物质所散发出来的，这种气味中通常都含有苯、甲醛、铅等有害物质。

（2）散发着刺鼻浓香的文具对身体非常不利。特别是一些三无文具的香味，很多都是用工业原料调和出来的，含甲醛等多种对人体有害物质。这种香味如果闻多了，人会产生头晕的感觉。如果长期使用，很可能会威胁孩子的健康。

谨记：如果孩子的卫生习惯不好，摸完文具不洗手就吃东西，很可能把彩色文具中的有害物质吃到肚子里。

长期使用一些有色、有味的文具，轻则容易引发头痛、恶心、眼鼻喉发炎等症状，重则会对肝脏、肾脏以及免疫系统产生破坏。更甚者可能引发白血病，对健康极为不利。

生活小常识：

为了健康最好不要购买使用有香味的文具。在选用文具时，也要仔细检查文具的生产厂家、生产日期等标志。

不要选购香味儿太浓的文具，应选择色淡、无味的品种，并尽量少使用涂改液。

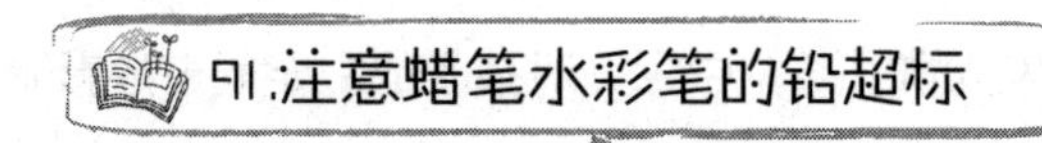

91.注意蜡笔水彩笔的铅超标

蜡笔、水彩笔是儿童常用的绘画工具。而且也是孩子们最喜欢的文具之一。

很多成年人，在回忆起儿童时期时，肯定忘不掉用蜡笔、水彩笔给书本图画上色的经历。看着在自己手中那五彩缤纷起来的图画，很多人肯定也会有种成就感。

可我们不知道，这些蜡笔和水彩笔如果选用不当，很可能在给孩子们带来绚丽色彩的同时，也给他们的身体健康造成严重损害。

我们都知道，铅是一种质地柔软的重金属，它的化合物颜色丰富、色彩鲜艳，被广泛作为颜料应用于工业和制造业及日常生活中，大到军工产品制造，小到玩具和家庭装饰等生活用品的生产。

然而，随着“铅”在生活中的广泛使用，使人们对它的认识也逐渐深入起来，其巨大的危害性也越来越受到关注。

通常，铅在自然界中是不容易被分解的，它们在环境中被长期积累后，广泛分布于大气、土壤、水和食物中，随后又会通过我们的呼吸道、消化道被人体吸收。

被我们吸收的铅是一种具有多脏器毒性的重金属元素。铅损伤的脏器通常包括：脑、造血系统、肝脏、肾脏、生殖系统、骨骼、心脏等。

“铅中毒”，以前一直属于职业病的防治范畴。人们想尽办法，在为预防“铅中毒”而不停做着研究。然而，如今的“儿童铅中毒”却越来越频繁地出现在我们视野，不得不令我们重视起来。

甚至有专家指出，当前我国儿童健康的头号威胁就是铅中毒。

据研究表明，儿童，特别是婴幼儿对铅的毒害作用特别敏感。儿童消化道对铅的吸收率比成人高出5倍，而它的排泄率又比成人低；再加上孩子们好动的天性，他们的手、口与外物接触的机会很多，所以很容易通过消化道将铅摄入体内。

因此，儿童是铅中毒的高发人群。“铅中毒”对孩子的主要危害是影响儿童的神经系统发育。

也就是说，当儿童出现轻中度铅中毒时，他们会出现智商下降，智力发育迟缓，计算能力降低，记忆力下降等，严重的还可能出现很难治愈的缺铁性贫血。

在说到“铅中毒”时，我们先来普及一下蜡笔和水彩笔中的“铅溶出量”。

铅熔出量，它是评价蜡笔、水彩笔质量优劣的一个重要指标。由于蜡笔、水彩笔在使用过程中会与儿童身体，尤其是手部皮肤发生直接接触，而且儿童常常有含咬、吮吸笔杆或手指的习惯，因此，这些有害物质很容易被孩子们误食到体内，从而影响儿童的生长和发育。

那我们要如何购买蜡笔水彩笔，降低它对孩子们的危害呢？

（1）尽量在正规商场和商店购买。选用国内知名品牌生产的产品，不要从地摊或者不正规的渠道购买。

（2）看清楚标签再购买。通常合格产品标签印刷清晰，生产日期或批号、产品标准号、生产地址、联系方式和警示用语等标注完整、明显；而劣质产品由于受成本及技术限制往往标签套印模糊，标志不全。

（3）购买时应该打开闻一闻气味。许多劣质产品有明显的刺鼻气味，有些为了掩盖刺鼻气味而大量添加劣质香精，造成了不正常浓郁香味，抑或说怪味。

（4）孩子在使用绘画产品时，家长最好替他们把把关。要提醒孩子们不要将蜡笔的纸制外皮撕掉，拿着棒体直接作画；也不要啃咬或吮吸笔杆及手指。在使用过绘画产品后，如果吃东西应及时洗手，以免将铅吃进肚子。

92.含"毒"家具，你知道多少？

家具对于我们每个人来说，都是必须要接触到的。只要有家，就会有"家具"存在。不管有钱的还是没钱的，贵的还是便宜的家具。

总之，家具和我们的生活息息相关。

我们通常对外界的污染很重视，觉得它对我们的身体会产生危害，但却鲜有人知道，家具的污染也会影响我们的生活，所以必须引起我们的重视。

通常能意识到家具污染的，大多是搬进新家时，面对崭新的家具，闻到异味时才会想到。而家具中有异味，大多是甲醛、苯、氨、TVOC等污染物造成的。

以下先来说说"苯"、"甲醛"、TVOC、氨的危害：

苯：苯是一种无色具有特殊芳香味的气体，它已经被世界卫生组织确定为强烈致癌物质。也是近年来造成儿童白血病患者增多的一大诱因。

很多调查数据表明，在城市儿童白血病患者中，90%的家庭在一年内进行过室内装修。

它的具体危害表现在：

人在短时间吸入高浓度苯时，就会出现中枢神经系统麻醉。轻者会出现头晕、头痛、恶心、呕吐、胸闷、乏力等现象；重者还会导致昏迷，甚至因呼吸、循环系统衰竭而死亡！

如果长期接触一定浓度的苯，就会引起慢性中毒，出现头痛、失眠、精神萎靡不振、记忆力减退等神经衰弱症状。

甲醛：甲醛是一种无色的强烈刺激性气体，它已经被世界卫生组织确定为致癌和致畸形物质。

甲醛会释放污染物，并能使我们眼睛流泪，出现眼角膜、结膜充血发炎，皮肤过敏，鼻咽等不适。还可出现咳嗽，急慢性支气管炎等呼吸系统疾病。更有甚者会造成恶心、呕吐、肠胃功能紊乱！严重时还会引起持久性头痛、肺炎、肺水肿、丧失食欲甚至导致死亡。

如果我们长期接触低剂量甲醛，很可能引起慢性呼吸道疾病、眼部疾病、女性月经不调和紊乱、妊娠综合征、新生儿畸形、精神抑郁症。

另外，很有可能促使新生儿体质下降，造成儿童心脏病。

据美国医学部门调查，甲醛释放的污染是造成3—5岁儿童哮喘病增加的主要原因。

在家具中，沙发和床垫的“甲醛”含量最高。

小窍门：轻松去除屋内甲醛味

（1）将300克红茶，泡在两脸盆热水中，并放在居室中，打开窗户透气。经过48小时以后，室内的甲醛含量会下降90%以上，刺激性气味也会基本消除。

（2）购买800克颗粒状活性炭。然后将它们分成8份，放入盘碟中，每屋放两至三碟，经过72小时后，基本可除尽室内的异味。

（3）准备400克煤灰，把它们分别装进脸盆里，放入需要除去甲醛的房间。经过一周后，可以使甲醛含量下降到安全范围内。

以上方法同样适用于装修完没有异味的家庭，毕竟有些有害物是无色无味的，多一分清洁，就会多一分安全。

氨：氨是一种无色且具有强烈刺激性臭味的气体，它比空气轻。

氨同样也是一种碱性物质，它对所接触的皮肤组织有腐蚀和刺激作用，也可以吸收皮肤组织中的水分，使组织蛋白变性，并使组织脂肪皂化，破坏细胞膜的结构。

在浓度过高时，它除了具有腐蚀作用之外，还可能通过三叉神经末梢的反向作用，使我们的心脏和呼吸停止跳动。

氨通常会以气体形式吸入人体，然后进入肺泡内。氨被吸入肺后很容易通过肺泡进入血液，与血红蛋白结合，破坏运氧功能。

同时，氨的溶解度也极高，对动物或人体的上呼吸道有强烈的刺激和腐蚀作用。能减弱人体对疾病的抵抗力。

当然，少部分的氨会为二氧化碳所中和，余下少量的氨会被吸收至血液，而且可以随汗液、尿或呼吸道排出体外。

具体危害：我们在长期接触氨后，可能会出现皮肤色素沉积或手指溃疡等症状。

短期内吸入大量氨气，还可能出现流泪、咽痛、声音嘶哑、咳嗽、痰带血丝、胸闷、呼吸困难，可伴有头晕、头痛、恶心、呕吐、乏力等症状。严重时还可能发生肺水肿、成人呼吸窘迫综合征，同时可能发生呼吸道刺激症状。所以碱性物质对组织的损害比酸性物质严重。

TVOC：这是一种挥发性有机化合物，它的沸点一般在50—250之间。

按其化学结构的不同，它又可分为8类：烷类、芳烃类、烯类、卤烃类、酯类、醛类、酮类和其他类。

TVOC以微量和衡量水平出现，每种化合物很少超过50时ｍｇ／ｍ3的水平。

TVOC能引起机体免疫水平失调，影响中枢神经系统功能，出现头晕、头痛、嗜睡、无力、胸闷等自觉症状。还可能影响消化系统，出现食欲缺乏、恶心等现象，严重时可损伤肝脏和造血系统，出现神经毒性作用。

知道了家具中会存在以上危害身体的物质，我们又该怎样去除呢?

最简便最有效的方法——开窗通风。

可以通过室内空气的流通，降低室内空气中有害物质的含量，从而减少此类物质对人体的危害。

冬天，我们常常会紧闭门窗。这样，室内外的空气也就不能流通，不仅室内空气中的这些有毒气体的含量会增加，不断积累，甚至达到很高的浓度。

所以说，经常开窗通风，是消除家具中有害气体的关键。

93.别忽视沙发、床垫、地毯中的尘螨

百科名片上对尘螨的介绍是：尘螨属于真疥目，蚍螨科，已记录34种，其中与人类过敏性疾病有关的主要种类有屋尘螨、粉尘螨和埋内欧螨等。

尘螨普遍存在于人类的居住环境中，是一种过敏源，可引致哮喘、鼻炎、皮炎等。

潮湿、闷热的天气，容易让灰尘附着在空气里，进而成为尘螨的栖身地，而这种肉眼看不到的微生物，却是引发过敏的头号病原体。

尘螨是螨虫的一种，也是肉眼不易看见的微型害虫，分布很广，影响也大，经常依靠人体皮肤的脱落表皮为生。

在家里，尘螨分布最多的地方依次是地毯、棉被、床垫、枕头、地板和沙发。

尘螨生长的最适宜温度是25℃左右，相对湿度为80%。因此，一般在春秋季会大量繁殖，秋后数量会下降。

尘螨一般喜欢潮湿、高温、有棉麻织物和有灰土的地方，它们会随着人体活动，如扫地、铺床、叠被等，进入空气中并分散到室内各个角落。

当然，不仅是活着的螨虫，还有它们的尸体、分泌物和排泄物也都容易让人过敏。

在它们进入我们人体呼吸道或接触皮肤时，就会使我们出现打喷嚏、咳

嗽、气喘等症状。

因此，消灭尘螨，也就成了我们经常需要做的事。

根据它的生活习性，只有杜绝卫生死角，经常通风，才能有效减少尘螨繁殖。对于一些容易滋生尘螨的地方，还要经常进行一些针对性的清扫。

以下根据尘螨的“常驻地”，给大家介绍几种除螨方式：

地毯：一般潮湿地区的家庭，最好不要铺地毯。如果一定要用，也要坚持每周吸尘一次，并经常更换吸尘器的口袋。

切忌：用蒸汽清洁地毯，因为这样会残留水分，反而更利于尘螨生长。

棉被：棉被要经常拿到阳光下晾晒，晒完后也可以用吸尘器清理被褥表面上的尘土，或者用软毛刷子刷一下被子的表面，去掉一些浮尘。

床垫：选用防螨材料包装的床垫，这是除螨的最有效方法。另外，在买来新床垫后，最好不要先撕去外面包裹的塑料布。这样，也是减少尘螨寄生的一种方法。

枕头：枕头也是尘螨生存的好地方。所以要想去除枕头上的尘螨，最好每几个月用60℃的水清洗一次。如果患有哮喘或者过敏，最好能购买低敏感性的枕头，而且坚持每两年更换一次。

地板：坚持一到两天用湿拖把清理一次，之后再开窗通风，尽量保持室内的清洁。如果清洗不干净，也可定期喷洒一些低毒的植物杀虫剂。

切记：毒性大的植物杀虫剂更伤身。

沙发：最好能每半个月清洗一次沙发套。如果没有沙发套，则要经常吸尘。尤其不能放过一些不容易清洗的死角，如沙发靠背、扶手等，这些地方最易藏尘螨。

前面也说了，尘螨的排泄物也会附着灰尘通过呼吸进入人体呼吸道，使人过敏。

对于这种过敏，除了用药物来抑制外，最有效的方式就是把尘螨及尘螨尸体的附着体消灭，也就是尽量不要有灰尘。

要想没有灰尘，首先肯定是经常清扫家里的角角落落。

（1）虽然尘螨就是在洁净的房间也会出现。可经常清扫房间，并保持清洁仍是十分必要的。

（2）让房间保持通风非常必要。因为通常情况下，螨虫和真菌在60%以下的空气湿度中难以生存。

（3）最好不要在卧室铺厚地毯。

（4）床垫是螨虫在卧室里的主要藏身地。因此，保持床垫的清洁非常必要。当然，最好还是使用不透螨虫的床垫罩。

（5）一些容易聚集灰尘的物体，如沉重的窗帘、织物桌布、开式书架、盆栽植物等，还是少摆为好。

对于已经滋生了尘螨的房间，应尽可能地采取一些措施，减少室内扬尘现象，让感染了尘螨及排泄物，以及其他真菌的灰尘无法飘散到空气中，从而降低对人体的危害。

（1）不同温度的房间之间的通风应当减少，因为这样可以减少空气流动、尘螨流动。

（2）将窗口处及换气设施周围的灰尘打扫干净，减少扬尘也是减少尘螨。

（3）有效的空气清洁器有助于过滤掉空气中的过敏源。

生活小常识：

可以适当选用散热器作为室内的采暖设备。这样会对消除尘螨和减少室内灰尘浮散起到不可忽视的作用。

首先，散热器的表面是喷塑表层。因为光滑细腻，所以不易积灰，而且便于清洁，这样就能有效地杜绝尘螨的寄生了；其次，散热气能减少灰尘浮动，也就相当于减少了尘螨进入人体气管的机会。

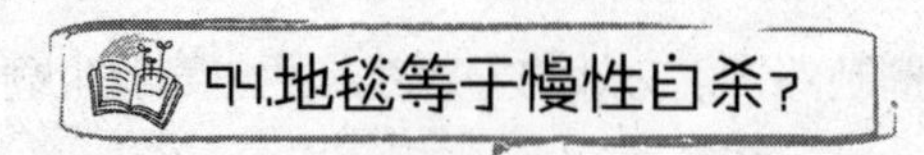

94.地毯等于慢性自杀？

人们在迁入新居时，往往会购置一批新家具。有些讲究的，还会铺上漂亮的地毯。

地毯在冬天会给人一种温暖的感觉，而且好的地毯，还能让房间变得华丽异常。

然而，地毯对人的身体却是有着微妙的危害的，这往往不被人所知。

据权威部门报道，地毯中，甲醛的释放量如果在每平方米每小时高于0.05毫克，都会对人体产生危害。

而在地毯的制作过程中，很多商家为了降低成本，谋取暴利，违心地使一些有毒物质超标，进而损害消费者的身体。

同时，地毯织品多因其经纬线较粗，空隙较大，积聚着大量尘埃，也寄居着大量的尘螨，在污染着空气的同时，也不忘给我们制造过敏原。

我们先来看看怎样消除地毯上的甲醛或异味。

如果地毯异味是大面积的，那么可以使用负离子清除剂进行熏蒸处理或喷洒处理；

对于局部有异味或霉味的地毯，还可以直接将活性除味颗粒包置于地毯上，并定期将颗粒置于阳光下晾晒就行了。

或者将活性除味包置于地毯边线处或其他任何需要的地方。对于异味严重的大面积地毯，则可以直接将活性炭包放置在地毯上。

我们知道，劣质地毯上的异味和甲醛等有毒物质非常多。那么，我们要如何判断地毯的优劣呢？相信这个问题是很多朋友都想问的，也是很多朋友都为此犯愁的。

我们先来看看，好品质的地毯都具备哪些条件。

高档地毯的品质除了与纤维的特性和加工处理方式有关外，还与毛绒纤维的密度、重量、搓捻方法等有关。

比如说，毛绒越密越厚，单位面积毛绒的重量就越重，地毯的质地和外观就越能保持良好。因此，短毛而密织的地毯是最为耐用的。

下面教大家几招识别地毯的诀窍：

1）看地毯的弹性。

可以用拇指按压在地毯上，随即抬手，如果能迅速恢复原状的，说明其织绒密度和弹性都比较好。或者把地毯稍稍卷起，不露底垫的，表示毛绒织得致密，结实，也比较耐用。

2）地毯的绒头密度。

可以用手先去触摸，如果绒头的质量高，那么地毯面的密度就丰满，这样的地毯弹性好、耐踩踏、耐磨损，而且舒适耐用。

温馨提醒：在买地毯的时候，千万别觉得毛绒越长越好。因为表面上看起来毛茸茸的很好看，但很可能绒头密度稀松，容易倒伏变形。这样的地毯不抗踩踏，而且也容易失去地毯特有的性能，并不耐用。

3）色牢度。

一般情况下，色彩多样的地毯，质地都比较柔软，看起来美观大方。所以在选择地毯的时候，可以先用手或试布在地毯面上反复摩擦，然后看手或试布上是不是粘有颜色。如果粘有颜色，说明该产品的色牢度不佳。在使用中容易出现变色和掉色。

注：人造地毯大多含有不稳定的有机化合物，长期接触可能会导致过敏性疾病。

生活小常识：

如何去除地毯上血迹的小窍门。

如果地毯上沾有血迹，千万不要用肥皂或热水去清除，因为血液一碰到肥皂或热水就会凝固。最好及时用湿冷的抹布擦拭，并在血迹处滴几滴阿摩尼亚，等几分钟后，再用蘸有冷水的抹布擦拭干净即可。

95.警惕！家居中灯光对身体的危害

无论是白炽灯，还是彩光灯，都会给我们的生活带来方便和情趣。但是，又有多少人知道，甚至也许连爱迪生自己都无法预料，灯，如果使用不好，也是一种“毒品”。

“入夜则寐”这是人类与生俱来的生理规律。不过，在我们现代社会中，很多人的生理规律却被都市的灯火通明打乱了。

虽然光是人类不可缺少的朋友，但过强、过滥、变化无常的光，还是会对人体造成干扰，甚至造成伤害，影响之大，也许很多人想都没想到的。

所以说，灯光是一种毒品，滥用灯光，就会危害我们的健康。

有些人问了，说的那么可怕，那光到底对我们身体有什么危害呢？以下一一列举出来：

1）导致白内障

据调查，孩子在2岁前，夜晚开灯睡觉的话，他们长大后的近视率约为55%；而熄灯睡觉的孩子，长大后近视率仅为10%左右。

由此可见，光污染导致的恶劣视觉环境才是孩子们小小年纪就带上近视眼镜的原因。

如果长时间处于强光或彩光环境中，眼睛的晶体功能会受到影响，损伤后能直接导致白内障。

因此，遇到强光时一定要避免肉眼直视。

2）心烦、焦虑、无法睡眠

人在睡觉的时候，虽然眼睛是紧闭着的，但亮光依然会穿过眼皮，影响睡眠。

据说，约有5%—6%的失眠者是因为噪声及光线等环境因素造成的，而其中光线就占了大约10%。

3）影响激素分泌，甚至导致儿童性早熟

夜间照在视网膜上的灯光，会减少退黑激素的生成，而这种激素正是调节昼夜节律的重要物质。所以如果长时间处于这种环境中，很可能导致正常周期的失衡。

更为严重的是，如果孩子早早受到了过多光线的照射，他们体内退黑激素的分泌就会减少，从而导致性早熟或生殖器过度发育。

4）让人变得抑郁

光污染是会导致头昏心烦、情绪低落，甚至身体乏力等类似神经衰弱的症状的。

对于一些长期受歌舞厅彩光照射的人，紫外线会诱发他们流鼻血、牙齿脱落、白内障，严重者甚至会导致白血病和其他癌变。

注意：彩色光源不仅对眼睛不利，而且还会干扰大脑的中枢神经，让人出现恶心、呕吐、失眠、注意力不集中、性欲低下等症状。

那房间里的灯光要如何设置才最健康呢?

1）卧室灯光切忌太亮

卧室是睡觉休息的地方，总是要以温馨、恬静、舒适为主。所以要尽量避免耀眼的灯光和造型复杂奇特的灯具。不过，灯光也不能过暗，以免给人一种压抑感。

在上床睡觉前，最好关掉电脑和电视的屏幕灯，据说，深夜里电脑屏幕和其他电器发出的哪怕是一点点微弱的光，都有可能影响到我们的生理节律，让我们的睡眠质量大打折扣。

所以通常情况下，卧室用一盏悬挂式顶灯为主灯就行了。为了使光线更柔和，恰到好处，还可以在灯的下方兜上一层白色轻质透明的幔布，使强烈的灯光变得更加柔和，使房间看起来充满情调和温馨，利于睡眠。

注意：灯的开关也应该分别控制并进行归集，可以装在进门就能触及的地方，以方便我们在最短的时间里开灯。

2）客厅的灯光需要分层次

一般家庭里，千奇百怪的灯具和灯饰都是选择安放在客厅里的。为了体现整个客厅空间的和谐和品位，更为了体现美好的光照环境，客厅的照明灯应该选择艺术感比较强的灯具，并与室内布置相协调。

比如说，可以在沙发边放置一盏落地灯，这样就能为亲朋好友的聊天营造一个亲切的氛围。抑或是如果有电视机等视听设备，可以在它们边上安装壁灯，为观看电视的家人提供最佳的适度照明。

3）书房灯功能最全

书房的环境通常是文雅幽静、简洁明快的。如今的书房和以前的不一样，不仅只有书本，还有电脑等其他现代化设施。

因此，书房里既要有较高的照明度，而且还要有宁静的光环境。所以，书房里应该保证简单的主体照明，可以采用单叉吊灯或日光灯，位置也可以根据室内的具体情况来决定。

书橱里，可以装设一盏小射灯，这种照明不但可以帮助辨别书名，而且还可以保持温度，防止书籍潮湿氧化。

4）厨房适用散射灯

厨房可以说是主妇们的“工作室”。一般在厨房里，安装一些较为明亮的散射灯光会更好。可以使厨房显得更为宽敞、整洁。

在通常情况下，厨房里会选择吸顶或吊灯作为一般照明。并在操作台的上方设置嵌入式或半嵌入式散光型吸顶灯。

当然，考虑到厨房油烟和水汽比较重，与其他房间的灯具相比，厨房里的灯是需要经常拆洗的。为了拆洗方便，光具要尽量选择以简洁为主。灯具材料也要以塑料和玻璃为佳，这样可以减轻清洁灯具的工作量。

如果厨房还兼做餐厅，那光源就应该采用暖色的白炽灯。

96.你了解多少陶瓷卫浴的放射危害？

马桶、瓷砖的釉面上含有放射性核元素镭，你知道吗？

一听到“镭”，很多人脑海里首先映出的就是发现镭的居里夫人。在人们的意识中，也觉得只有化学研究时才会出现放射性元素。

现在一下子说我们屁股下面坐着的马桶，我们不断要接触到的瓷砖上也有镭，不禁会大吃一惊，甚至也会产生怀疑。

怎么可能？镭被我们坐在屁股底下？怎么可能？镭会在我们眼皮底下随处可见？

如果问大家个问题，我们为什么喜欢瓷砖，为什么在装修时，要把瓷砖用在厨房间和卫生间里？大家肯定会说，这还不简单？就是为了看上去光洁明亮，并且便于打扫。

确实，我们的目的是为了光洁明亮，是为了便于打扫。可想不到吧，在我们享受装修后房间的清爽漂亮时，却也在被放射性元素毒害着。

是被建材本身的制造技术所带来的"添加性"放射性元素毒害着。

我们先从屁股底下的马桶说起。

我们每天必须要无数次坐的马桶，生产商为了使产品美观，为了吸引消费者，大量使用了釉面。而他们但凡采用的釉面越多，产品就看起来就越光鲜，那么它所产生的氡也就越多，而氡的主要来源就是镭。

现实中，水泥、砖块等造房用的基础建材，都可能含有镭、铀等物质，所以即便是毛坯房，也有一定概率会被检测出辐射超标。

当然，也不必为此太过惊慌。世界卫生组织提出的公众照射控制标准，即每人每年所接受的辐照总量不应大于1000μSv，只要每年的辐照总量不大于这个标准，我们还是安全的。

现在先来看看镭中氡的危害：

放射性危害主要有两个方面，即体内辐射与体外辐射。体内辐射主要来自于放射性辐射在空气中的衰变而形成的一种放射性物质氡及其子体。

氡是自然界唯一的天然放射性气体，在作用于人体的同时会很快衰变成人体所能吸收的核素。在进入人的呼吸系统后会造成辐射损伤，诱发肺癌。

另外，氡还对人体脂肪有很高的亲和力，从而会影响人的神经系统，使人精神不振，昏昏欲睡；体外辐射主要是指天然石材中的辐射体，在直接照射人体后，会产生一种生物效果，会对人体内的造血器官、神经系统、生殖系统和消化系统造成损伤。

以下说说瓷砖中的放射元素对身体的危害：

（1）通常，β、γ射线会破坏人体的淋巴细胞，使人的免疫力降低。

我们知道，瓷砖对人的体外辐射主要来源于原材料中含有的化学元素，比如镭、钍等衰变产生的γ、β射线。

由于β射线的射程比较短，所以它只对小孩有影响。不过，由于其穿透力相对比较弱，稍稍有一点遮挡，都会减少它的危害。

不过，γ射线的穿透力却很强。它会穿透人体并和体内的细胞发生碰撞，严重者还可能破坏人体的淋巴细胞，从而使人的免疫力低下。

（2）瓷砖还有辐射。辐射对人体的危害，想必大家都知道。瓷砖的辐射主要有两个方面：体内辐射和体外辐射。

体内辐射主要是指氡对人体的辐射。我们知道，氡是一种具有放射性的天然物质，它无色无味，而且极易扩散，并能溶于水和脂肪。

上面也说了，氡来自于镭，镭这种化学物质，是从瓷砖中放射出来的，是瓷砖的原材料里所含有的。比如，作为乳化剂的锆英砂，这种主要作用于瓷砖中，提高瓷砖的光洁度和耐磨度的物质，它的里面就含有镭。

生活小常识：

要想减少这些放射性元素的危害，我们在装修房子前，就必须对毛坯房进行监测；在装修过程中，我们还要对进场的建材进行严格筛选。同时，尽可能地减少在高辐射环境内的停留时间。只有每一个环节都注意到了，才能有效地避免放射元素的影响。

97.人造大理石会让人掉头发?

对装修很讲究的朋友，有没有遇到这样一种情况？当我们购置了一款人造大理石作为橱柜或者酒柜时，随着时间的流逝，忽然发现自己的头发掉得越来越厉害了？直到头发掉的只能戴假发了时，还在感叹自己因为工作太劳累，生活压力太大，最后头发掉得都没几根了不错，掉头发有可能是因为工作太劳累，也有可能是因为生活压力大，不过，如果家里放了人造大理石，那我们就有必要来讲一下这个真正造成脱发的元凶——劣质人造大理石了。

下面，我们先来认识一下人造大理石吧！

人造大理石是用自然大理石或花岗岩的碎石为填充料，用水泥、石膏和不饱和聚酯树脂为黏剂，经搅拌成型、研磨和抛光后制成的。

知道了什么是人造大理石，我们再来看看它的危害：

长期以来，人们大多会误会大理石家具都具有辐射，所以在购置时也难免有一些顾忌。

事实上，自然大理石的放射性是很低的，根本不会对人体造成伤害，而真正放射性很高的是人造大理石。

人造大理石的主要原料是石油的衍生物。但我们知道，现在油价是越来越高。

这些人造大理石的商家，肯定要绞尽脑汁想着怎么降低成本的吧。

所以他们在制造人造大理石的时候，为了降低成本，使用了含甲醛和苯等的有害物质。更有甚者，还直接加入了有机溶剂，并采用可能含铅或者镉等重金属的劣质无机颜料，以到达降低成本追求利润的目的。

正因为不良商家的不良行为，现在市场上，有相当一部分人造石板是含有超量的苯、甲醛、铅、有机酸等有害物质的。这类板材还有一个共同的特性就是有刺鼻的气味，颜色更是呈不自然的化学彩色。

这种含有甲醛和苯的劣质人造石板材在切割加工时会发出刺鼻的气味，即使产品成型，依然会残留超量的甲醛和苯。

小常识：甲醛和苯一般会在3—5年时间里不连续的挥发。苯和甲醛的挥发以及接触到重金属将直接污染入口的食物。况且，这种有害物质不只经过人的呼吸系统，而且还会直接进入人体消化系统，来毒害我们的身体。

知道了劣质人造大理石这么多的危害，为了既能用上它，又能减轻对人体的伤害，就需要在选购人造大理石上下工夫了。

不然的话，把那些带着“毒素”的家具放在家里，如果房间空气还不流通，室内温度再一高，很可能加速“毒板”苯和甲醛等溶剂的挥发，对人体的损害尤为严重!

因此，我们在选购时一定要认真地辨别，避免购置到劣质的人造大理石。

下面，我们给大家介绍6种如何辨别劣质人造大理石的方法，希望对大家在购买时有帮助。

看：首先看样品的颜色是不是混浊。如果混浊，很可能是劣质人造大理石；再看外表是不是有塑料胶质感；最后再看板材的背面有没有细小气孔。

闻：用鼻嗅，看是否有刺鼻的化学气味。如果有，很可能是劣质人造大理石。

摸：伸手摸样品，看外表有没有丝绸感、涩感和不平感。如果有，那肯定是劣质人造大理石。

划：可用指甲划板材外表，如果有明显划痕，便是劣质人造大理石。

碰：用相同的两块样品互相敲击，不易破碎的是优质人造大理石。

查：认真检查产品有无ISO质量体系认证、质检报告，有无产品质量保卡及相关防伪标志。

在我们掌握了以上这6个辨别劣质人造大理石的方法后，我们在选购人造大理石时，还会犹豫和忐忑吗？

98.“隐形杀手”是化纤床单

在居家生活中，床上用品一直是跟我们接触最亲密的用品，真真正正是零距离接触。可我们又有多少人知道，我们很可能睡着睡着就把毒素给睡上身了。比如，我们睡的床单，如果是化纤床单的话，很可能里面含有甲醛，含有偶氮染料等。

是不是吓了一跳？

想不到，我们每天晚上，竟然是睡在一片毒气中的。

“甲醛”这个词，大家的耳朵里差不多应该都听出茧子来了。谁不知道它对人的身体有害？

不过，大多数人只知道家居中会有甲醛，却很少有人把它和床上用品联系在一起。

我们用的一些劣质纤维床单上，确实有“甲醛”，这是真的。

有些人不明白了，甲醛为什么要用在床单上？目的是什么？

我们先来说说甲醛应用在床上用品上的作用吧！一般有两个作用：

第一，防皱。床单是在我们身下的用品，发皱那简直是最难以忍受的了。可当甲醛分子在高温下与棉分子结合后，就可产生防皱效果。

第二，在床单上用上甲醛，就是为了固色。当甲醛被加入纤维中时，可以防止床单掉色，保持床单的色泽。

一般情况下，如果发现新买的床单有一股刺鼻的味道，那么就能肯定其中含有甲醛成分。甲醛能挥发，会刺激皮肤和呼吸道，还是一种致癌物质，长时间接触可能导致鼻癌、皮肤癌等疾病。

当然，除了甲醛，劣质纤维床上用品里还有一种危险品，它有着更绚丽的外表，这个危险品名叫偶氮。

偶氮染料是在印染工艺中最为广泛使用的一种合成染料了。它多用于多种合成纤维的染色和印花中。虽然偶氮染料是一种很好的染色和印花物质，但是在特殊情况下，它能分解产生出20多种致癌芳香胺。并且经过活化作用后，会改变人体的DNA结构，引起病变和诱发癌症。

所以，在床上用品中加入这种染料是绝对禁止的，但还是有一些不法商家为了达到美观的效果，为了迷惑人去购买便加入了这种染料。

当偶氮染料与人体接触后，它会通过皮肤进入人体，然后经过还原反应，即可生成致癌物——芳香胺化合物，直接对人体造成危害。

那么，我们在购买床单时，又要怎么避免这种“暗藏杀机”的漂亮床单，抵制这种美丽的诱惑呢？

首先，我们购买床单时，一定要去正规商场购买，千万不要图便宜在路边摊上买。因为这些便宜的背后，很可能会要了我们的命。

其次，购买时最好选择棉质的床单，棉质床单虽然容易发皱，但却不会伤身。同时，当我们睡在棉质床单上时，也是非常舒服的，既舒服又健康，为什么不选择呢?

最后，当然还要注意它的pH值。因为pH值超标会引起我们皮肤的瘙痒及其他炎症，对于皮肤敏感的人来说，危害更大。

生活小常识：

目前，纺织品的pH值被限定在4.0—7.5之间，选购时一定要多留一个心眼，仔细看一下。

99.“黑心棉”你知道吗?

“黑心棉”，这三个字在我们国家，想必很多人都非常熟悉。因为这三个字不仅形象地体现了物质的本身——棉，更形象地刻画了商家的“黑心”。

什么是“黑心棉”？

它是劣质生活用絮用纤维制品的俗称。所谓絮用纤维制品就是指以天然纤维，如棉花、茧丝等和化学纤维加工成的絮片、垫毡等作为填充物、铺垫物的制品。

絮用纤维制品分为生活用絮用纤维制品和非生活用絮用纤维制品。

说起来有些拗口，简单一点说，生活用絮用纤维制品是指日常生活中与人体密切接触的絮用纤维制品。

常见的生活用絮用纤维制品主要包括：

（1）服装鞋帽类絮用纤维制品。比如，防寒服、羽绒服、棉鞋、棉帽等。

（2）寝具类絮用纤维制品。比如，被子、褥子、枕头、垫子。

（3）软体家具类絮用纤维制品。比如，床垫、布艺沙发、坐卧垫具等。

（4）玩具类絮用纤维制品。比如，毛绒玩具等絮用纤维制品。

非生活用絮用纤维制品，比如，建筑用保温材料、农用保温材料、运输用包装材料、建筑隔音材料等。

黑心商家为什么要用“黑心棉？”

很简单，就是为了赚取更多的利润。所以才会用以下废旧材料做成：

①经过了污染后的纤维下脚料；②一些废旧纤维制品或由其再加工而成的纤维；③一些纤维制品下脚料或用其再加工的纤维下脚料；④二、三类棉短绒；⑤经过脱色漂白处理的纤维下脚料、纤维制品下脚料、再加工纤维等；⑥没有经过洗净的动物纤维；⑦发霉变质后的絮用纤维等。

知道了“黑心棉”的构造，我们再来说说它对人体的最大危害：能致病菌。

所致病菌如下：

（1）绿脓杆菌：这是一种能产生多种与毒素有关的物质，如内毒素、外毒素、弹性蛋白酶、胶原酶、胰肽酶等。

绿脓杆菌是一种常见的致病菌。我们完整的皮肤其实就是天然的屏障，一般情况下，即使活力较强的病毒也不能引起病毒。但在一定条件下，绿脓杆菌却会引起我们身体上一些烧伤或创伤部位的感染。随即出现角膜感染、败血症、呼吸道感染、尿路感染、消化道感染等症。

（2）金黄色葡萄球菌：这种病菌的致病力强弱主要取决于其产生的毒素和侵袭性酶。

比如说，溶血毒素、杀白细胞素、血浆凝固酶、脱氧核糖核酸酶、肠毒素等。金黄色葡萄球菌作为一种常见的病毒原菌，主要存在于人体的鼻腔、咽喉、头发上。一般情况下，50%以上的健康人的皮肤上都会有金黄色葡萄球菌存在。

但金黄色葡萄球菌在我们身体化脓感染存在时，却能成为病毒菌，可引起局部化脓感染、肺炎等疾病，严重时甚至还会引起败血症、脓毒症等全身感染。

（3）溶血性链球菌：这种病菌在自然界中的分布还是比较广的，它主要存在于水、空气、尘埃、粪便及健康人的口腔、鼻腔、咽喉中。

溶血性链球菌可引起皮肤皮下组织的化脓性炎症、呼吸道感染、流行性咽炎的爆发性流行以及新生儿败血症、细菌性心内膜炎等。

黑心棉里存在的三种致病菌，个个看起来都是那么面目狰狞。那我们要怎么来识别"黑心棉"呢?

以下介绍几种简单的方法：

（1）眼观。一般来说，黑心棉看上去都不怎么光滑，甚至还有些粗糙。但优质的棉花色泽却是洁白有序的。

（2）手感。摸正常的棉花时，手感比较柔软，而且有一定的弹性。但黑心棉不仅看上去有杂质，而且手感非常粗糙。

（3）撕扯。拿起一小片棉花，通过撕扯，就可以感受到棉花的强度。一般来说，黑心棉没有强力，一撕就断。

（4）鼻闻。因为黑心棉在加工时经过了漂白，所以细闻时会有淡淡的酸味。用火点燃一小片棉花，优质棉花即使在燃烧时也无刺鼻气味，而"黑心棉"则有明显的刺鼻气味。

注意：优质的棉胎是由化学纤维制成的，因为它的原料是由化纤厂生产出来的，所以色泽通常都比较均匀，长度有20毫米，而且没有过多的粉尘，弹性比较好，没有异味。

如果这个化纤的颜色繁杂，而且里面还含有纱头和碎布，那很可能是用工业废料经二次加工生产的劣质"黑心棉"。

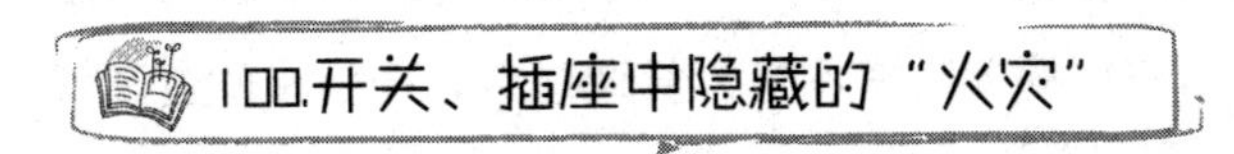

100.开关、插座中隐藏的"火灾"

有谁注意过自家的开关和插座？想过它们也可能出现安全隐患呢?

开关和插座在我们眼里，绝对是毫不起眼的附属品，虽然没有它们，也许我们家里所有的电器都将停止运转。

很多人也许只有在开关灯、给手机充电时，才会想到开关和插座。

可就这两样被我们大家都忽视的东西，却是存在很大的安全隐患的。稍选不好，稍用不好，都可能造成不可逆转的后果。所以对开关和插座的选择及运用，非常重要。

前段时间看了一个新闻，说有户人家的房子着火了，家里的东西烧得面目全非，邻居打电话给119，才制止了这场火灾。而这场火灾幸好发生在白天，家里的人上班的上班，上学的上学，才没造成人员伤亡。

在经过了解后发现，起火原因竟然是他们家里的插座。

有人要说了，插座还能造成这么严重的后果？

现在就给大家介绍一下开关插座中可能隐藏的“火灾”吧！

（1）选用优质的插座和开关。劣质的插座和开关，随时可能因为其粗劣的构造引发火灾。

（2）插座的安装有讲究。如果插座被易燃物压住，抑或粉尘落入插座内，造成了短路，或是将插座安装在了易燃易爆的危险场所，如果插入或拔下插头时，产生火花，就很可能引起爆炸起火。

（3）插座插头损坏一定要及时更换。如果插头坏了，用裸线头代替插头使用的话，就会造成短路或火花，引起可燃物起火。

（4）开关不能随意设置。开关的随意设置，很可能在被其他物件撞击后，使其外绝缘层破损，极有可能造成短路，引发火灾；如果开关安置在了可燃物体上，一旦导线的护套被擦伤，很可能使线芯裸露或水汽渗入造成短路，或是开关在断开时产生电弧造成起火。

（5）选择插座也要考虑到家用电器的电压和电流。如果家用电器的工作电压和工作电流与所使用插座功率不符，长期过载，一旦温度过高就会引起火灾。

（6）管好家里其他可燃体。如果家里使用的可燃气体因为管道或阀门泄露，均可使可燃气体与空气混合后，在达到一定极限后，开、闭因为没有消除电弧装置的电器开关，很可能产生火花，引发火灾。

从以上存在的安全隐患来看，挑选插座和开关非常重要。那要怎么挑选呢？

（1）根据电器的总容量及具体使用环境，选择合适的开关和插座。如果是在湿度较大的场所使用，应当选用防火开关和拉线开关；通常不要在有腐蚀性物品或灰尘较大的室内安装开关、插座。如果非要用，可以将它们安装于室外；对于那些可能有燃烧、爆炸危险的场所，应选用防火或防爆开关、插座。

（2）开关、插座的额定电流及额定电压，均应与用电器技术参数相符。也就是说，千万不要超负荷使用，以免线路因为过载烧坏绝缘，造成短路，引发火灾。

（3）开关应该选用相匹配的熔丝。绝不允许任意加粗熔体，更不允许用铜、铝、铁等金属丝代替熔丝。

（4）单极开关应控制相线，不可接在中性线上。不然的话，即使断开了开关，我们如果不小心接触到了相线和中性线，仍会引发触电事故。如果相线接地，还可能出现短路，甚至引起火灾。

（5）大功率的电器应选用专用插座。比如微波炉、电磁炉、空调等，额定电流不小于10A，连接导线最好从进户配电箱中接出。如果选用铝芯线的，其截面积不能小于2.5mm；如果选用铜芯线，其截面积不小于1.5mm。同时，尽量不要让几个大功率电器同时工作。

谨记：不要使用灯头插座。因为大功率电器在灯头插座上使用，会由于严重过载引起火灾。

（6）外出、睡觉或突然停电时，要及时切断电源。不要因为一时偷懒、嫌麻烦给我们造成安全隐患，另外，对家里的任何电器，都要格外关注。

（7）不要将多种电器接在一个多用插座上。这是很多家庭都会犯的错误，不仅让很多电器共用一个插座，甚至还会让这些电器同时开启。这样看起来是很方便，但存在的隐患却很多。

因为多用插座和电源连接线都有额定容量，如果多种家用电器在同一个多用插座上同时使用，肯定会因为电流太大而导致电压下降，从而影响电器的正常工作。

如果电压下降幅度过大，还会损坏电器。同时，很可能使电线因超负荷而发热，烧坏线路，严重时还会引起火灾。

注：插孔太多时，很容易因距离等设计不当，精度不足而引发触电事故。因此，对于那些经常使用，而且位置固定的家用电器，应单独设置固定插座。

（8）电器插头应该经常擦拭。如果插头两极因为积聚太多灰尘或产生了氧化物，很可能增加了插座与插头的接触电阻，进而影响插座的使用寿命，抑或烧坏插座，产生火灾。

生活小常识：

开关、插座应尽量安装在干燥、清洁、无尘的位置，以免受潮腐蚀造成绝缘击穿短路而引起火灾。

无论是安装开关还是插座，最好请专业人士，外行就不要逞这个能了。

101.水龙头也可能铅超标？

在日常生活中，有一些有毒物质正在悄悄地危害着我们的身体健康，但我们却并未察觉，当然也就更谈不上去预防。比如说，我们每家都会用到的水龙头。

有多少人会关注自家的水龙头是什么材质的？又有多少人会看自家的水龙头是不是生锈了？

“当然不用管，水龙头嘛，只要能让自己扭出水来就行了，管它是什么做的，管它生没生锈。”

这是大多数人的观点。

不过，这种观点也是绝对错误的。关注水龙头，不是看它的“外貌”怎么样，而是关注它是不是存在“铅超标”，是不是会危害我们的身体，让我们“铅中毒”。

“铅”对人体的伤害，很多人都知道。典型的例子，就是国外专家提出的“贝多芬死于铅中毒”以及“古罗马帝国亡于铅害”。

能致人死亡，可见它的危害有多大了。

更何况，儿童和孕妇才是铅中毒的最大受害者。

为什么呢?

这是因为生长发育的生理特性，使儿童和孕妇对铅的毒性作用极为敏感。

铅中毒严重的可致孕妇早产、流产；也会影响婴幼儿的生长和智力发育，严重者造成痴呆。

如果我们人体长期受到铅污染的危害，还会引起贫血、四肢神经损伤、骨骼及肌肉组织发育不正常，男性精子数量减少，还可导致高血压、骨质疏松等症。

铅在饮用水中是微量的。但是，如果我们长期饮用含铅的水，当铅在人体内沉积后，因为不易排出，就会给我们的健康带来巨大的危害。

铅中毒可对多种脏器造成伤害。铅中毒的早期症状是：不明原因的腹泻、食欲缺乏。随后会出现不明原因的贫血，更为严重的是铅中毒可使儿童的大脑细胞受损。

铅中毒较重的孩子的症状是：烦躁多动，脾气暴躁，易攻击他人。中毒较深时还会出现智力低下、嗜睡、昏迷等。

铅害的来源之一就是水质、水管、水龙头的铅含量。

在美国，国家卫生基金会（NSF）曾对这三方面提出了很严格的控制和降低“含铅量”的要求。

所以我们在选择水龙头的时候，要尽量选择那些无铅害水龙头。

那么，我们在购买水龙头的时候，要怎么才能知道它是不是含铅呢?

1. 看龙头的本体是不是全铜制造的

一些地摊上的水龙头，甚至一些五金店里的水龙头，每家都声称自己家的产品是纯铜制造，可价格却比正规商场的便宜一半。在我们理智时，就会想想，这连成本价都不到，能是真的吗?

所以即使他们再吹嘘自己的产品多么“价廉物美”，都不要太过相信。

另外，即使他们的水龙头真是全铜制造的，我们也不能马虎。因为铜虽然具有杀菌、消毒的作用，从铜的选材上来讲，却也是有杂铜和纯铜之分的。

采用纯度较高的铜制造的水龙头，其电镀质量最能保证，抗腐蚀能力强，当然是最好的选择；反之则要考虑考虑了。

2. 看是否经过了除铅处理及多项检测程序

目前，我们国内能进行低铅处理水龙头的厂家不多。所以我们在购买水龙头的时候，就要看它是否通过了NSF权威认证。

NSF是无铅认证。是美国国家卫生基金会颁发的NSF认证，是全球最权威的无铅认证，在国际上又被称为“无铅害龙头”。

3. 当然要看水龙头的检测报告了

正规的水龙头包装箱里，都有生产厂家的品牌标志、质保证书等。所以在购买时，一定注意质保卡及产品识别标记。

生活小常识：

早晨经水龙头放出的自来水含铅较多，应待水放出3—5分钟后再使用。

第七章

衣物鞋子类

102.退褪色的贴身衣物容易引发牛皮癣，这是真的吗？

我们穿衣服的目的是什么？

当然是保暖、好看、遮体。

这是很多人的答案。

如果穿衣的目的真的只是这样，那是不是只要满足了这三种条件的衣服，我们都可以随便去买、去穿呢？

答案自然是否定的。

穿衣服是很有讲究的，穿得好，能给我们增色不少；穿不好，再好的底子也糟蹋了。

当然，这里的穿得好穿不好，指的是在服装颜色、款式和质量的选择上。

随着生活水平的提高，服装款式的多样化，我们也越来越重视服饰的搭配。因为我们都知道“人靠衣服马靠鞍”的道理。

然而，我们在注重穿衣打扮的时候，很多人只看重外面的衣物，往往忽视了我们最应该注意的内衣的选择。

内衣是我们贴身穿的衣服，如果穿不好，后患无穷。

目前，市场上出现了很多款式、颜色的内衣。件件性感漂亮。

为了给自己的生活增添情趣，很多年轻的女孩，也会选择各种各样的内衣。然而，有几个人注意过，很多颜色艳丽的内衣是会掉色的。即使穿在身上，也会给我们的肌肤染上颜色。

切记：掉颜色的衣服，不能穿，特别是内衣掉色，即使再漂亮，也要放弃选择！

衣服之所以掉颜色，就是因为在上色的过程中，少了几个步骤。而衣服上的颜色，也都是颜料，这些颜料，又都是化学成分。这些化学成分，对我们身体的健康非常不利。

另外，退色的衣服，会引发牛皮癣。这不是危言耸听，这是真的。

牛皮癣的发病原因一般比较复杂，但大多与遗传、感染、代谢障碍、免疫功能障碍、内分泌失调有关，也与环境因素有着密切的关系。

对于一些皮肤比较敏感的人来说，一定不要穿容易退色的衣服，它极易引发牛皮癣。

这是因为，衣服的染色剂中含有的化学物质会使皮肤过敏。

我们先来说说衣服为什么会褪色吧！

衣服退色是因为纱、线、织物或有色基质上的颜色，经日光照射或空气中的燃气薰燎后，导致在色光、深度或艳度方面出现了一些变化。

这些变化，非常容易刺激皮肤，当一些皮肤过敏者穿上这种衣物后，就很容易导致皮肤发红和发痒。

有些人又说了，那如果我皮肤不容易过敏，而且也没患过牛皮癣的话，是不是穿退色衣服就没问题了呢?

当然也不是。

无论皮肤状况如何，都是不应该穿掉色衣服的，因为它对我们的皮肤依然是有伤害的。特别是婴儿。

因为婴儿的皮肤很薄很嫩，基本的皮肤防护功能还没有完全形成，他们的皮肤吸收能力比较强，衣服中的化学成分很容易会被皮肤吸收，这样对宝宝是一种很大的伤害。

如果万一因为一件衣服，导致孩子长大后患上顽固的牛皮癣，那么后果将不堪设想。

而对于那些原本就有牛皮癣的患者，或者曾患过牛皮癣的人，在穿了退色衣服后，皮肤受到刺激，会使病情加重或复发。所以更应避免接触这类对皮肤有害的化学物质。

生活小常识：

牛皮癣患者适合穿柔软的棉质衣物，对皮肤没有刺激，还不会加重瘙痒。

103.尼龙丝袜的危害

提及尼龙丝袜，爱美的女性一定不会陌生，但是又有几个人能了解丝袜的成分呢？

如果告诉大家，尼龙丝袜中残留有害物质，美女们肯定会大睁眼睛，露出迷茫的神情，不愿相信吧！

那我们就来先了解一下尼龙丝袜。

首先是特性：它是一种弹性纤维制成品，主要以尼龙和莱卡类为主，因为其弹性非常大，并因纤维的交织能使其很服帖地紧贴在腿部，赢得了美女们的喜欢。

而从市面上琳琅满目的丝袜中，我们又可以汇总出尼龙丝袜的常见类型：弹性丝袜、保暖丝袜、西装男丝袜、吊带袜、网袜。

既然尼龙丝袜对人体有危害，这危害肯定就隐藏在它的成分里，现在我们看看尼龙丝袜的主要成分有哪些吧！

可塑剂（癸二酸酯类、己二酸二异丁酯）：这是一种塑料添加剂，主要适用于PVC及橡胶，能够防止PVC对PS或ABS的转移，能够提高产品的耐热性和耐寒性。

在尼龙丝袜中，这种可塑剂主要用于增加丝袜的韧性，并能防水和吸湿。

溶剂（甲醛）：甲醛是一种无色，有强烈刺激型气味的气体。甲醛非常易溶于水、醇和醚。在常温下，它是气态，但有时也以水溶液的形式出现。

在制造尼龙丝袜中，甲醛能起到催化生产、护色的作用。

漂白剂（荧光增白剂）：漂白剂是一种能够破坏、抑制食品的发色因素。它能使其退色或使食品免于褐变。一般情况下，一些化学物品在透过氧化反后就能达到漂白物品的作用。可以把一些物品漂白或将深颜色的物品变淡。

在尼龙丝袜的制造过程中，漂白剂能起到增色、提色作用。

重金属（铅、镉、悖）：重金属的原意是指比重大于5的金属，具体包括金、银、铜、铁、铅等。当重金属在人体中累积到一定程度后，就会造成慢性中毒。在尼龙丝袜的生产过程中，重金属主要能起到催化、耐高温、耐腐蚀作用。

知道了尼龙丝袜的成分，然后再看看这些成分中，哪些是对我们身体有危害的，又是什么危害吧!

（1）可塑剂：通常情况下，低毒性的可塑剂如果过量残留，就会引起急性呼吸系统症状。

（2）甲醛：如果长期接触甲醛，就会引起皮肤过敏、刺痛。严重的话，还会造成呼吸系统疾病，甚至发生癌变。

（3）荧光增白剂：这种成分可以由皮肤、黏膜进入人体，进而导致皮肤红肿和过敏。虽然它没有明显的癌变作用，但也不排除其可能性。

（4）重金属：容易引发皮肤过敏反应，如红肿、瘙痒、发炎等症状。如果残留在体内，还会损害肝、肾、骨骼等器官，严重危害呼吸、神经、升值系统，增加癌变的风险。

尼龙丝袜中的这四种对身体产生危害的成分，又是怎么进入人体的呢?

（1）在高温环境或者强酸强碱环境下，尼龙丝袜里有害物质的稳定性就会被破坏，并挥发出来，随即进入人体。

（2）漂白剂是具有可转移性的。它们能在洗涤、着装时附着在人体皮肤或者黏膜上，最后进入人体。

知道了它们的危害，也知道了它们是如何进入人体的，当我们再选择尼龙丝袜时，就要注意以下方面了：

1. 建议大家去选购一些品牌商品

虽然品牌商品不一定全是正品，但相比而言，安全性高一点。另外，购买之前，也要闻一闻尼龙丝袜中是不是有化学物质残留。

2. 越是色彩鲜艳的商品，里面的漂白剂含量就可能越高

所以，购买时要尽量选择和肤色及光泽度相一致的商品。

3. 对于一些过敏体质的朋友，建议在选购时，最好选择纯棉或者透气高的

尽量不要去购买那些功能性丝袜，如可燃脂、消肿等能起到“减肥”效果的丝袜。

生活小常识：

（1）尼龙丝袜在使用前，建议先用中性洗涤剂浸泡、洗涤。

（2）千万不要用热水和漂白剂清洗。也不要和其他衣物一起放在洗衣机里洗，最好手洗，并自然晾干。

104.化纤衣服容易得过敏性皮炎

穿化纤衣物对健康不利，很多人应该听说过，但对身体有什么样的危害，知道的人也许并不多。如果我们知道什么是化纤衣物，也许就真相大白了。

现在让我们先来了解一下什么是化纤。

化纤是人造纤维与合成纤维的一个总称。人造纤维一般包括人造棉、人造丝、人造毛等，其性能与棉纱非常相似。

如今的化学纤维织物品种繁多，如丙纶、棉纶、丽纶、尼龙和玻璃纤维等等，它们在一定范围内，甚至取代了天然纤维。

那么穿化纤衣服，对人体的危害又都表现在哪些方面呢？

1．化纤衣物的吸湿性能差，容易引起皮肤过敏

化纤的吸湿功能与棉相比，是要逊色很多的。而丙纶和氯纶几乎是完全没有吸湿率的。和棉布相比，腈纶的吸湿率是棉布的18%；锦纶的吸湿率是棉布的40%。

因为化纤衣物不能有效地吸湿和散湿，汗液就容易在我们的体表聚集。汗液中所含的各种成分也就容易刺激皮肤，引起人体的过敏反应，导致微生物繁殖，从而诱发过敏和湿疹。

对于一些锦纶、涤纶、腈纶过敏者，还容易患上过敏性皮炎。

既然知道化纤衣服容易使我们的皮肤过敏，那么就要尽量减少穿化纤衣物，千万不要去穿化纤类的内衣。为了身体健康，最好选择棉布内衣。

在合成纤维生产过程中，由于混入的原料单体、氨、甲醇等微量化学成分，对皮肤过敏的人，尤其是对儿童的刺激性非常大。

化纤织物在制造过程中，有8000多种添加剂，如漂白剂、柔顺剂等，如果穿化纤织物内衣，布料上的化学物质极易被皮肤吸收，时间长了，就会产生刺激，引起湿疹、接触性皮炎、异位性皮炎、荨麻疹等症。

2．化纤衣服容易带静电

我们应该都有这个体会。当春秋时，当我们在脱穿腈纶衣服时，就会听到一阵噼噼啪啪的声音，并且还会有轻微的触电感觉。同时，尼龙衣服有时还会自己飘起来，失去原有的一些效果。那针织、涤纶衣服更容易吸附尘土。

也正因为以上的这些特性，才会让我们在穿化纤衣服时，皮肤更容易过敏。特别对一些尼龙过敏者来说，如果他们穿了化纤衣服，很可能出现荨麻疹，皮肤奇痒，伴有恶心、呕吐、头晕、烦躁等症状，严重者还会出现低烧，甚至发生过敏性紫癜和过敏性休克。

所以，皮肤过敏者一定不要穿纤维衣物。因为尼龙纤维很可能影响人体血液的酸碱度，破坏体内的电解质平衡。

有些人常年穿用由化纤织物制成的衣服，在遇到有静电现象时，也把它看成是种常态，属于正常现象。殊不知，化纤织物中，像棉纶、氯纶等带的静电作用非常强，很可能会诱发功能性心律失调——室性早搏。

这是因为化纤内衣在接触我们人体后，发生了静电反应，改变了人体的生物电位，干扰了正常心脏电传导，而致心律失常。

当然，在遇到因为穿化纤衣物而出现的功能性心律失调时，要赶快脱去化纤内衣。这时，早搏现象也就随之减少或消失了。

生活小常识：

合成纤维对老年人易诱发和加重皮肤瘙痒症。因为老年人皮脂腺和汗腺萎缩，使皮脂和汗液分泌减少，皮肤干燥脱屑，免疫功能下降。

105.太可怕了！防辐射的衣服可能辐射更强

防辐射服！这几乎是每位孕妇装备里必备的物件。

甚至很多孕妇只要穿上这种防辐射服，就觉得自己可以放心大胆地用电脑、看电视了。

其实只要我们和那些辛苦的准爸、准妈们聊一聊，就能知道，他们对于防辐射服到底有没有防辐射的能力，或者防辐射能防到什么程度，心里也是没底的。

不过，孕妈妈们，好像也只有穿上了防辐射服，才会觉得肚子里的宝宝进了保险箱，安全极了，能够顺利健康地成长了。

真是这样吗？如果不是，为什么市场上会供不应求？

“不管是不是能防辐射，也就要个心安！”这是很多准爸、准妈们的回答。

确实，也正是这种“求平安”心理，再加上科学概念的模糊，才让防辐射服在市场上经久不衰。

防辐射服的花样在不停翻新，产品也在不断升级。从刚一开始的金属纤维丝变成了金属涂层，材料也从铜改良成“银离子”，价格也是水涨船高。

在一些妇婴用品专卖店，衣架上挂着的一排排防辐射服，按面料材质，这些防辐射服又分为金属纤维混纺、金属涂层和“银离子”三种。那价格也是从200-1000多元不等。

所用材料和款式决定了产品的价格，其中卖得最贵、最好的也就是“银离子”防辐射服。

卖得这么好，除了“银离子”几个字，让人一下子觉得高档了很多外，商家吹嘘的这种防辐射服就是整天接触辐射，对孩子也没影响的话，让每对父母趋之若鹜。

防辐射服对胎儿的健康真有防护作用吗?

前段时间，对于防辐射服，有位教授专门做了个实验，说所谓的防辐射服，其实并不能完全屏蔽电磁波辐射。

他说，孕妇的所谓防辐射服的原理，有些类似于我们熟知的法拉第笼。就是说，是通过金属网罩来屏蔽电磁波的。

我们知道，辐射一般分为广义和狭义两种。狭义的辐射就是我们常说的核辐射，而广义的辐射是指电磁波等的辐射。

电磁波造成的辐射，大多是由电脑和手机等家用电器造成的。

不过，由于电磁辐射的范围广，所以从手机信号到微波炉甚至连太阳光热都是电磁辐射的一种。

这些电磁辐射对人体的影响是通过引起人体细胞分子或组织的电磁共振所产生的。会对人体产生危害的电磁辐射在日常生活中比较少见，所以，如果是针对电磁辐射而穿防辐射服的话，完全没有必要。

也就是说，生活中的电磁辐射有较宽的频谱，防辐射服也许能够防一定波段的辐射，但要想防住全部频谱的辐射，那几乎是不可能的。

所谓的防辐射服能屏蔽手机信号，那是因为他们把手机整个包裹在了防辐射服里。但人并不能完全被防辐射服中的防辐射材料所包裹，所以即便是穿了防辐射服也不能保证完全屏蔽电磁辐射。

因为隔离电磁辐射的防护服中必须含有一定量的铅才会起作用。因此真正的防辐射服应该很笨重，像医院放射科橡胶含铅的防护服，而不是像现在市场上销售的那些很轻便的孕妇防辐射服。

所以市场上的这些防辐射服不应该是含铅的，因此对电磁辐射无法起到作用。

而且很可能不仅不会防辐射，在辐射进入身体时，原本有一部分会离开的，却因为防辐射服而完全禁锢在孕妇的身体里，让辐射更强。

同时，这些防辐射服很可能会把一些对人体有益的东西也屏蔽掉。一些来自自然界的辐射是对人体有益的，如阳光中的红外线等。

这么一说，很多准爸爸、准妈妈们急了。有个防辐射服，心里还安一点。这一说防辐射服没用了，心里不就更忐忑了吗？既然广义的电磁辐射对孕妇的影响不大，是不是其他辐射会对孕妇造成伤害呢？

我们平常所接触的辐射并不多，只要不是整日沉浸在电脑上，整日看电视，整日用手机煲电话粥，是完全没必要去刻意穿所谓的防辐射服的。

孕妇在怀孕期间，也会去医院接触一些X射线和γ射线的。这些也都是有电磁辐射的，所以医院才会有限制地给孕妇们做。

生活小常识：

孕妇与其穿防辐射服防辐射，不如适当照射阳光，这样对胎儿和自己反而有益。尤其是北方冬天本来接受日照的时间就短，所以不要总是穿着防辐射服。

106.穿紧身衣对身体的害处多

如今时兴骨感美人，众多的女孩为了追求苗条，不惜金钱和时间去寻找五花八门的减肥方法。其中，穿塑身衣塑造身材也就成了减肥一族的新宠。

很多女性为了追求别人羡慕的眼光，把自己“裹”得紧紧的，穿很紧很紧的衣服和裤子，以此突出自己“苗条”的身材。

周围有个女性朋友，20多岁。就是因为稍嫌自己胖，抵抗不住广告的诱惑，买了两套塑身衣替换着穿，以便夏季到来时，能够露出姣好的身形。

可买来穿了没有多久，她的阴部就开始瘙痒，而且白带也多了起来，并发出一些异常的味道。

经去医院检查，她患上了真菌性阴道炎。

经大夫多方了解，在排除了其他一些因素后，确认她是因为天天穿塑身衣惹的祸。

想想看，一天到晚穿着紧身裤，将下身包裹得密不透风，外阴部表皮的汗液不能准时散发，外阴整天湿漉漉地令人难受不说，更因为汗液中含有蛋白质、尿素和其他有机物品，成了真菌繁殖的好去处。可想而知，在那样“舒适”的环境下，细菌、真菌自然会繁衍生长，能不患炎症吗？

另外还有些人，因为整日穿着塑身衣裤，原本是为了减肥，让自己有曼妙身材，最后导致全身上下过敏，起了红疹子。

所以说，穿塑身衣只能起到暂时收紧身体赘肉，临时保持体形的作用。

假如身体整天被塑身衣裹着，过度地压缩了肌肤和内脏，就会使躯体的血液循环及肌肉活动度受到危害，令人感到吸气不畅，腹部胀满，下肢静脉血液回流受阻，引发下肢水肿、静脉曲张等病。

同时，穿塑身衣还会压迫乳房，危害乳腺血液和淋巴液的循环，长期穿塑身衣，可导致气血淤滞，乳房胀痛，严重者还可能患乳腺纤维增生。

特别是一些“全身绑”的连体内衣，那厚厚的强力纤维会把上腹、腰、下腹、臀、腿从上到下紧紧地箍起来，不仅会引发妇科疾病，还会直接压迫内脏，影响皮肤呼吸。

因为表皮在长时间受塑身衣压迫后，阻止了表皮吸气和汗腺排泄，容易生痱子、丘疹、疖肿和色素沉着等表皮病，甚至还会导致皮肤粗糙，容易发生微循环障碍，使皮肤失去弹性，影响皮肤应有的润泽。

所以要想减肥，建议把塑身衣扔掉，通过腰腹部锻炼，如仰卧起坐、收缩腹肌等运动，持之以恒，可使腹部变小，展现健康体态。

平常的时候，我们会看见一些女孩在跳健身操、跑步时也穿紧身衣、紧身裤、紧腿袜，愣把身体上上下下的尺寸缩了再缩，认为那样才能减肥。

殊不知，运动时因回心血量大增，容量负荷加重，心脏必须加倍工作，才能克服挤压造成的血管阻力，将更多的血液泵到身体上下四肢，以确保机体运动对血氧的需求。

因为塑身衣的压迫，危害了心肺效果，极易呈现胸闷胸痛、吸气困难、头晕目眩、恶心等特征，较重者会晕倒在地。

可见，穿塑身衣不但不能减肥，反而容易招致意想不到的病痛。因此，女孩们不用盲目赶一些所谓的“潮流”，使身体受到伤害。

除了塑身衣对身体有害处外，还有一些和塑身衣原理一样的，如紧身牛仔裤、紧身内衣裤等，它们对身体的危害同样不容忽视。

以下对这两种紧身衣裤的危害作一分析，并提出一些建议！

紧身牛仔裤：

牛仔裤属于“短裤裆、包大腿”的设计，目的就是展露身材，展现特殊的魅力。虽然它能让身体的腰部、屁股及大腿因为紧紧裹住，显得身材修长，但因为布料太过厚实，容易让人感觉不舒服。

同时，如果长期穿紧身牛仔裤，将对生长发育、身体健康造成危害。比如说，如果裤腰过紧，就会影响腹式呼吸；如果裤裆过短，勒紧阴部，血液循环就不顺畅；如果裤腿太紧，血液的回流就会受阻等。

建议：不要天天穿着牛仔裤。如果实在喜欢穿牛仔裤，在选购时，也要挑选那种弹性功能好的质地；尺寸也不要太贴身，稍宽松为好。

谨记：女性在生理期时，一定要避免穿牛仔裤。

内衣裤太紧：

很多人选择内衣裤也是要紧贴身体的，认为这样穿衣服时会好看很多。可内衣裤太紧，也是对身体有伤害的。具体伤害体现在以下几点：

内裤如果太紧，会阻碍腹股沟淋巴的正常工作；另外，为了让内裤紧贴，边角周围是有很紧的松紧带的，松紧带会阻碍淋巴和静脉的流动，甚至还会造成下肢水肿。

此外，腰部松紧带太紧也会促进肌肉的老化，骨盆会很容易变形，股关节容易脱臼等。

建议：内衣裤一定要选择合适的尺寸，如果不知道尺码，购买时，可以让服务员帮助量一下腰围尺寸。同时，一定要每天更换内裤。晚上睡觉时，最好能裸睡，以便让阴部能呼吸到“新鲜空气”。

谨记：紧身衣与子宫内膜异位的发生有着某种关系，所以女性在经期，千万不要穿紧身衣。

107.发霉的衣服中含有真菌可致癌

在南方的梅雨季节，无论是刚洗的衣服还是放在柜子里的衣服，当拿出来穿时，都会闻到一股霉味，有些甚至还能很明显地看到真菌存在。

怎么办?

潮湿，缺少通风会加速真菌的生长，因此，我们放到塑料袋里的衣服，是一定要加以处理，并防止真菌的生长的。

尤其是梅雨季节，因为空气温度较大，衣物很容易发霉、长毛。空气中的真菌在遇到适宜的条件后，便会在媒介物上生菌。

真菌生活力很强，一般温度在25—30℃、湿度在80%以上，并有充足的氧气，便会生长繁殖。

见了这些霉味和真菌，我们通常会怎么做呢？肯定是去除霉味，去掉霉斑，然后穿在身上。而我们之所以去除它，只是因为气味不好闻，看着不好看。可大家知道吗？在发霉的衣服中，因为含有真菌，是会致癌的。

是不是又觉得是在危言耸听？我们下面慢慢说，先来说说我们遇到霉味时，怎么除味吧!

巧除霉味的方法：

可以在洗衣盆的清水里加入两勺白醋和半袋牛奶，然后把衣服放在这些特别调配的洗衣水中，浸泡10分钟，让醋和牛奶吸附衣服上的霉味，最后经过反复冲洗，揉搓后，用清水投洗干净，霉味也就不存在了。

如果正好要穿这件衣服出门，而且很急，那不妨把衣服挂起来，将吹风机定在冷风挡，然后对着衣服吹10-15分钟，让大风带走衣服的霉味，然后就可以穿上它出门了。

除霉斑的方法：我们可以把发霉的衣服放进淘米水中浸泡一夜。让淘米水里的蛋白质吸附真菌。等到第二天后，淘米水的颜色就变深了，霉斑也就清除干净了。

对于清除不了的霉斑，我们可以涂5%的酒精溶液，或者用热肥皂水反复擦洗几遍，最后再按常规方法搓洗，霉斑也就可以完全去除了。

然而，我们上面说了，发了霉的衣服，是有真菌的。真菌是对我们身体会产生危害的。

我们先来看看衣服上的真菌对我们身体所造成的一些不良影响：

衣服上有了真菌后，很容易使人感染到一些传染性疾病。如汗斑、足癣等。如果婴儿穿了带有真菌的衣物，很容易患皮肤炎。

老人如果穿了有真菌的衣服，则很容易得褥疮。

当然，以上的三点，还仅仅只是一般而言，因为衣服上的真菌和食物中的真菌一样，严重时，都可以致癌。

科学证明，霉菌与癌症的发生有着密切的关系。比如黄曲霉菌、镰刀菌等，它们能产生黄曲霉菌素和T－2毒素。

黄曲霉菌素，很可能引发肝癌；而镰刀菌产生的T－2毒素则可诱发胃癌、胰腺癌和脑部肿瘤。

所以说，千万不要忽视产生真菌的衣物。为了预防真菌对人身体的伤害，不让衣服发霉是关键。

那在梅雨季节，又要怎样预防衣服发霉，以及如何处置发霉的衣物呢?

为了预防衣服发霉，我们就要时常检查柜子里的衣物。如果发现上面有真菌，应该把它们从柜子里取出来，然后挂在通风干燥的地方。

有条件的话，还可以用电熨斗熨一下，以减少衣物上的水分。衣物挂起来要保持一定的间隔，以保证良好的通风。

如果衣服有了霉变，并且长了白毛，那多数是因为收藏前没有将领口、袖口、袋口及前身洗净，给细菌繁殖创造了条件。

遇到这样的情况，我们应该用清水加少许“有氧洗”洗衣粉，然后用毛刷将菌毛刷去，最后再用熨斗熨干，挂起来就可以避免再长毛了。

发霉的衣物经过一些处理后，最好不要急着拿出来穿。而要等天气晴朗时将它们拿到室外晾晒。

一般毛料织物、裘皮服装可以在太阳下晒干；毛皮衣服还需将毛朝外晒三四个小时，等到阴凉后再抖掉灰尘；丝绸服装最好不要曝晒，应该让它们在阴凉处吹干，以免织物老化。

衣物晾晒干燥后，也要妥善保存。在存放衣物时，可以在箱内放一些樟脑丸和樟脑精块。同时，丝绸、毛皮、呢料等各种衣物最好分别存放。

如何针对各种材质的衣物去霉斑

棉质衣服出现霉斑：可以用几根绿豆芽，在有霉斑的地方反复揉搓，然后再用清水漂洗干净，这样霉点就可以除掉了。

呢绒衣服出现霉点：可以先把衣服放在阳光下晒上几个小时，等到干燥后将霉点用刷子轻轻刷掉。如果是由于油渍、汗渍而引起的发霉，还可以用软毛刷蘸些汽油在有霉点的地方反复刷洗，然后再用干净的毛巾反复擦上几遍，最后放在通风处晾干。

丝绸衣服上有了霉点：先将丝绸泡在水中用刷子刷洗，如果霉点较多、很重，还可以在有霉点的地方，涂些5%的酒精溶液，然后反复擦洗，就能很快去除霉斑了。

皮革衣服上生了霉斑：可以先用毛巾蘸些肥皂水反复擦拭，在去掉污垢后，立即用清水漂洗，然后晾干，再涂上一些夹克油。

化纤衣服上生了霉斑：可以用刷子蘸一些浓肥皂水刷洗，再用温水冲洗一遍，霉斑就可除掉。

108.影响女性身体的鞋子，你知多少？

我们在挑选鞋子的时候，或许更多的只是关注这个鞋子的外形和款式，以及颜色，很少有人会去留心它们是否有益于健康。

而恰巧现代人的脚部问题主要来自于其所穿的鞋子。我们在追求美感与造型的时候，往往牺牲了脚部的舒适。慢慢地，就会造成行动不便、关节疼痛的问题。

更糟糕的是，很可能腿部窈窕修长的形状，也会因此而受到影响，导致胖胖腿、外八腿、内八腿等难看的姿势出现。

所以说，鞋子的选择特别重要。

可如今，流行的很多鞋款，多多少少都会对我们的健康和体形产生影响。比如：

人字拖：影响脚型，易损伤脊椎。

夏天，大街上出现最多的就是那些各式各样、色彩缤纷的夹脚拖鞋了。虽然这种拖鞋看似酷劲十足，但是因为它是夹着脚趾的，所以对人的健康也是有害的。

为什么这么说呢？

因为我们穿鞋行走时，脚前部因为缺少力的支撑，脚趾会自然而然地在行进中夹住鞋，慢慢蜷缩，时间长了，很可能成为爪形。同时，由于我们走路时，身体重心会倾斜到前脚掌，足弓关节过度受力，导致脚部疼痛并发炎，严重者可能形成拇趾外翻。

还有最重要的一点，我们在穿着夹脚凉拖时，为了要平衡前倾的身躯，腰部会自然后仰，久而久之，有可能损伤脊椎。

健康小贴士：即使再喜欢人字拖，也不要连续穿的时间过长。最好能够穿一天休息一天。

购买人字拖时，也要注意前掌夹趾的材质。要尽量选择那些比较柔软、不刺激皮肤的材质。

超薄平底鞋：由于脚底承力，容易足跟痛。

很多人觉得穿高跟鞋对健康不利，所以就会选平底鞋。而且穿那种超薄的平底鞋。觉得这样穿肯定很健康。

其实，这种想法大错而特错。虽然我们选鞋子不能太高，但也不能没有一点跟，超薄。

人在行走的时候，脚跟着地的冲击力可以沿着腿骨、脊柱，直达头部。鞋跟过低时，脚着地的瞬间，全身体重多达60%的重量都压在后跟上，路走多了，上传的冲力就会引起足踝、膝、髋关节和腰等部位的疼痛。

如果长期穿平底鞋，很可能加速足底韧带和骨组织的退化，引起足跟痛。

健康小贴士：鞋跟高度通常以3－5cm最为合适。

买鞋最好能在下午3－4点的时候，这时的脚会比较涨，此时选择的鞋子在日后穿着不会挤脚。此外，买鞋子时，最好能穿着试走5分钟。只有这样，才能确保鞋子是否真正合脚。

10cm以上高跟鞋：脊椎出毛病，腰酸背痛。

高跟鞋是很多女人的最爱，是性感、妩媚、淑女的必备利器。而且好像跟越高越美，越细越迷人。

然而，我们只要穿上超过5cm的高跟鞋，人的机体就会感到极度不适应。因为脚跟在往上抬的时候，重心会落于前脚掌上，使得踝关节稳定性变差，容易出现脚踝扭伤的危险性。

不仅如此，高跟鞋还会影响到膝关节。因为当我们重心线落于前方时，膝盖就有往后顶的情形出现，此状况会加速关节的磨损和退化，使我们的膝盖产生疼痛感。

另外，穿着高跟鞋走路，我们的骨盆会很自然地前倾，这就造成了屁股上翘，腰椎过度前弯。同时，由于这样走路时下腹部肌肉松弛，容易导致腰酸背痛。

健康小贴士：最好不要穿这么高的鞋。如果一定要穿超过10cm的高跟鞋，也应该在鞋的内部添加一些缓解压力的内垫，如硅胶垫片等，这样就能缓解前脚掌的压力，让腿脚舒服一点。

建议：喜欢穿高跟鞋的女性朋友，穿高跟鞋的时间，1天最好不要超过2小时，以免影响我们的健康。

为了美丽和健康同在，可以在办公室准备一双舒服的平底鞋。这样就能与高跟鞋交替着穿，减轻足部的疲劳。

尖头皮鞋：容易造成足部畸形，易患鸡眼。

20世纪80年代，最流行的莫过于喇叭裤、花衬衫、尖头皮鞋了。

而如今，随着复古风潮的来袭，尖头皮鞋重出江湖。

穿尖头皮鞋时，对我们的足尖是有一定的塑型作用。当我们穿上尖头皮鞋，趾端部位很自然就聚在了一起，容易形成拇趾外翻。

同时，由于鞋尖部位的空间比较小，空气流通也比较困难，容易使细菌滋生。再加上尖头皮鞋对足的前半部形成了压迫，容易造成血流不畅。

长此以往，我们的血液将难以将营养物质、热量和氧气等供应到足尖部，容易造成足部畸形。另外，由于尖头皮鞋前端又硬又瘦，脚趾受到严重挤压，容易诱发趾甲内嵌、鸡眼。

健康小贴士：穿高跟鞋由于体重压力累积下来的伤害，会先从脚趾和脚掌中间开始出现疼痛，久而久之，此部位的骨头和关节就会提早退化。

建议：经常做足部按摩，可以缓解一些韧带压力，促进血液循环，缓解足部及腿部的疼痛。

一般处在生长发育期的青少年，由于他们的脚还在不断地发育、长大，所以不适合穿窄小的尖头鞋子。

雪地靴：可能导致脚畸形。

雪地靴原本是时尚青年的最爱，然而，笔者从资料上看到，英国骨科学院院长伊安德里斯戴尔博士研究发现：雪地靴通常使用的都是很软的材料。由于内部空间相对较大，所以穿上后脚在里面会出现一定的滑动。每走一步路，重力都会沿着足部向周围散开。这样容易使脚弓受到较大的冲击，对足部、脚踝甚至臀部造成伤害。

健康小贴士：穿雪地靴，也许能让脚自由舒展，但如果长期穿这种鞋子，给脚一种“过度自由”，由于鞋子尺寸大于脚，脚会在里面来回滑动。除了穿着它走路容易疲劳外，还可能造成脚的畸形。

所以选鞋要注意鞋子的大小是否合适，同时还要考虑这种鞋子是否适应我们脚部的生长发育。

建议：经常用热水泡脚，这样能促进脚部血液循环。同时多对脚加以按摩，缓解脚部的疲劳。

另外，如果所选鞋子太松，可以加一些稍大的鞋垫，以免脚在鞋子里来回滑动，让脚部变形。

松糕鞋：容易跌倒，对身体造成损伤。

松糕鞋是鞋底厚得像发糕一样的鞋。

这种鞋一度被骨灰级靓妈“徐濠萦”穿得带出了时尚。可这种鞋同样也被日本和美国称为“死亡之鞋”。

因为，由于松糕鞋的鞋底太厚，很容易使人在行走时身体前倾而失去重心，扭伤脚部关节、足部骨骼或韧带。

日本女性穿松糕鞋占全世界之首。但他们最终研究发现，有23%的女士因为穿松糕鞋在街上行走时因为身体失衡，跌倒在地，对身体造成伤害。

健康小贴士：女人的梦想有很多，其中一个就是拥有各种款式的鞋子。不过，松糕鞋还是少穿为妙。即使要穿，也要尽量选择鞋底面积较大较平的，这样可以增加稳定性，预防跌倒，同时鞋的高度最好不要超过5cm。

温馨提醒：怀孕后的孕妇在穿鞋子时，一定要特别注意。

建议各位准妈妈把自己钟爱的高跟鞋收起来。

随着怀孕月份的改变，准妈妈们的身体曲线会随着肚子的变大而发生改变，穿高跟鞋会使这种曲线更加明显，容易使人重心前移，步伐不稳，导致摔跤，造成流产。

同时，怀孕后由于双脚会有不同程度的水肿，穿高跟鞋也会令脚部更加难受。当然，那种容易让人摔跤的松糕鞋也要束之高阁。

从保健安全的角度讲，孕妇穿的鞋应该是轻便、舒服的，最好穿后跟高度在2cm以下的鞋子，并且最好有防滑纹。

生活小常识：

通常，太硬或太软的鞋子对身体都不好，太软的走久了会很消耗体力，太硬的会伤害到我们后脑。

所以选一双合脚柔软度适合的鞋子非常重要。我们需要改变挑鞋子只注重颜色款式，只管好看而不管好穿的想法。

挑选的鞋子应该以穿着舒适、防滑，有一定的回弹性，能保护脚为目的。

在选购鞋时，舒适的鞋穿在脚上，像是一双有弹性的袜子一样，不紧不松地裹住脚的每个部位。柔软度适中，当我们站立或行走时，它会把我们自身的重量通过鞋均匀地分布在脚的每个部位，以减轻自身重量对脚的负载量，而不是集中在脚的某一点而使我们感到疲劳。

好的鞋会配合我们行走的每一步起落，而且会避免我们的脚在运动时受到伤害，能起到吸震、缓冲的作用。

一句话：舒服的鞋是鞋跟着脚；不舒服的鞋是脚跟着鞋。

109.暴走鞋影响孩子的脚部发育？

时下孩子们最喜欢的鞋子是什么？

暴走鞋！

时下最酷的鞋子是什么？

暴走鞋！

时下卖得最好的是什么鞋？

还是暴走鞋！

“暴走鞋”起源于美国，它可以像旱冰鞋一样滑行，但却没有制动装置，而且滑行速度很快。如果穿这种鞋子不戴防护器具的话，很容易滑倒，危险性很大。

同时，由于儿童的踝关节稳定性相对较差，穿“暴走鞋”走路，容易造成踝关节扭伤。长期穿着，儿童的足弓发育、踝部力量、肌肉协调能力都会受到影响。

如今，随着暴走鞋越来越流行，市场上的款式越来越多，各种山寨、仿冒产品多得数不胜举。正品暴走鞋对孩子们的身体都会产生危害，更不要说那些仿冒、山寨的了。

我们先来历数暴走鞋的危害：

（1）暴走鞋的鞋跟过高底过硬。这种鞋一般跟高超过了5cm，加之一些唯利是图的厂家为了降低成本，把橡胶鞋底更换成了TPR（一种塑料名称）鞋底。

TPR鞋底材料按照国际标准只允许在3岁以下，没有学会走路的幼儿童鞋上使用。这种材料的缺点是不耐磨，超过2mm厚度就没有了柔软度。

我们也知道，暴走鞋是一种运动产品，在滑行时会产生震动。因为暴走鞋的材质硬度过高，鞋底虽然很厚但减震效果依然很差。很多孩子在穿着这种暴走鞋后，不久就感到脚跟疼痛，轻则影响孩子们穿着的舒适度，重则能使脚底肌肉、脚部经络受伤，严重影响着他们的健康。

（2）暴走鞋的机械设计本身存在安全隐患。暴走鞋通常是自动款，这种款式是在鞋跟后留有一根长长的按钮，行内人叫它老鼠尾巴。当小朋友们在下楼梯或在拥挤的人流中时，很可能因为不小心被什么东西一碰，按动了鞋跟后的按钮，弹出了鞋底轮子。

在这种情况下，孩子们往往很难控制平衡，最终导致摔倒。如果正好在楼梯上发生这种情况，后果也就不堪设想。“轻则受伤重则致命”，都是很有可能的事。

所以，这种自动款暴走鞋，不仅影响了孩子们的健康，而且很可能威胁孩子们的生命，绝对不能买，更不能穿。

我们都知道，孩子正处在骨骼发育期，不能穿高跟鞋。而目前，市场上很多暴走鞋的跟高都超过了3cm，非常不符合儿童鞋的标准。

我们也知道，暴走鞋在国际上都非常受少年儿童喜欢。但因为它独特的设计，以及国内一些不负责任厂商的偷工减料，使这款鞋子成了孩子们最危险的鞋子。

当然，虽然我们不建议孩子穿，但如果孩子喜欢，非要穿这种鞋子，父母除了到正规商场去精心挑选外，在孩子们穿暴走鞋时，也要多嘱咐他们，对他们多加关注，及时解除一些可能存在的危险。

知道了暴走鞋的危害，我们就要清楚，暴走鞋虽然也是鞋，也能在它卸下或隐藏脚底轮时不影响行走，但却绝不能把它当成日常的鞋子来穿。

生活小常识：

（1）不要让孩子长时间穿暴走鞋，孩子上学和玩的时候，尽量给他们选择松软舒适的鞋子。在孩子穿暴走鞋时，最好有大人跟着，而且每天不宜超过半小时。

（2）遇到下雨天、坡道、楼梯、人流和车流集中的地方时，最好不要让孩子穿暴走鞋，不然容易造成安全事故。

（3）孩子穿暴走鞋时，最好能给他们佩戴上头盔、护膝和护腕。并在孩子们穿前，检查轮子是否松落，确定安全钮及轮子等零件是否保持良好的工作状态。

（4）如果孩子穿暴走鞋后，腿部有红肿现象，就要对他们的腿进行适当的热敷或贴膏药，同时暂停穿暴走鞋。

（5）如果孩子腿部出现的疼痛症状经过几日护理都没消减，那就要及时带他们去医院检查、治疗。

110.不合脚鞋子的后遗症

很多家长不知道怎样给孩子买鞋子。因为孩子的成长速度很快，说不定这几天买的鞋子，过几天又没办法穿了。

浪费钱不说，非常麻烦。于是，有些家长索性就买个大点的鞋子，认为这样孩子就可以穿得时间长一点。

实际上，这种“偷懒”和“省钱”的方式绝对是有害的。因为孩子穿鞋不当，不仅会对他们脚部的发育产生影响，很可能在孩子们长大后留下后遗症。

一份资料显示，很多小孩去骨科看病，有30%都是因为儿童时期穿鞋不当造成的。

是不是不相信？或者觉得“后遗症”这三个字，有些离危险太远，那就看看鞋子不合适，给孩子当时造成的影响吧。

有个四岁的小女孩，在她生日时，妈妈送给她一双小红皮鞋。

这双小红皮鞋是她最喜欢的，也是她梦想拥有的。

她非常高兴地穿上了它。虽然穿上这个鞋子很漂亮，但没几天，脚后跟就被磨破了。不过，为了好看，她也不舍得脱。而她妈妈也觉得新鞋子可能就这样，穿着穿着就好了，只给她那磨破的脚后跟上贴了张创可贴了事。

没想到，被磨破的部位总是好不了，而且越来越严重。半年后，整个左脚脚踝都红肿了，父母这才急了，四处求医，但为时已晚，医生表示只能截肢。

因为她的跟腱深部严重感染，已回天无术。

之所以会造成这么严重的后果，就是因为孩子的皮肤比较娇嫩，质地太硬的皮鞋很容易磨损皮肤，容易发生溃烂和感染。

目前市场上的大部分童鞋，皮质都无可考证，普遍存在不透气的现象。不透气的鞋子，自然容易滋生真菌，发生脚气。

同时，皮鞋的弹性普遍比运动鞋要差，处在生长发育期的幼儿又爱活动，穿皮鞋很容易发生运动性损伤。

所以，如果孩子穿鞋不当或因为童鞋不合格，很容易造成孩子足外翻、双腿畸形（如O形腿、X形腿）、足底筋膜炎等，甚至引发腰痛、膝痛、骨刺等后遗症。

目前，童鞋还是缺乏统一标准的，这也导致了孩子难得买到一双真正合脚的鞋。在国外，童鞋上市必须经过足踝外科学会的认可。而在我国，童鞋的监管非常松散，没有统一的标准。

据调查，我们国家的孩子，超过6成的足部有问题。而存在的问题，有近7

成是扁平足，3成有足外翻。

而孩子们之所以足部会有这些毛病，除了部分是因为遗传和身体肥胖，压迫了足部造成的外，大部分都是因为穿童鞋不合适造成的。稍稍观察一下就会发现，市场上的大部分童鞋，都是成人鞋的“缩小版”。

儿童的骨骼正处在生长发育期，他们和成人对鞋子的空间要求完全不同，如果给孩子们生产鞋子，完全按照成人的标准，只是缩小了尺度，那想让孩子们的脚正常发育，绝非易事。这也是童鞋隐患多的主因。

温馨提醒：父母如果发现孩子穿的鞋子，磨损很快，那就要注意了。很可能这并不是因为孩子穿鞋“费”，而是因为孩子的脚出现了畸形，必须马上带他们去医院做检查。

父母如果发现孩子的鞋磨损了、变形了，千万不要心疼，必须马上换掉。因为变形的鞋子会影响孩子们足部的正常发育。

父母在给孩子买鞋的时候，切忌以“大”为准则。

俗话说，鞋子好不好，只有脚知道。那么对于一些还不会表达自己的想法，或还不会说话的小宝宝来说，他们的鞋子又该怎么挑呢?

对于那些刚开始学走路的宝宝。家长们不需要马上给他们穿鞋。平时在家时，最好给他们只穿袜子，在地板上或地毯上爬、走就可以了。

如果这时期的宝宝有机会到外面穿鞋走路，那也要选择那些适合的鞋款，以柔软有弹性、天然材质的为宜。

如何知道孩子们脚上的鞋子合不合脚?

宝宝鞋子的适合尺寸是以妈妈的一根手指头能塞进去为判断标准的。

一般来说，宝宝的鞋子一年要更换两个尺寸。

妈妈平时要多注意观察宝宝的脚趾，看有没有被压红、有没有出现水疱。看宝宝是不是不愿意穿鞋，是不是鞋子偏大等，这些都是衡量鞋子合不合脚的重要方面。

切记：一旦发现宝宝的鞋不合脚，就一定要更换。不要存在侥幸心理，认为宝宝的脚长得快，大一点没关系。千万别因为懒和省钱，害了孩子的一生。